Bau
physik

Dirk Krutke

Bau physik einfach skizziert

Basiswissen Architektur

avedition

Inhalt

01 Wärme- und Feuchtetransport

02 Wärmedämmung

03 Bauteilfeuchte und Dampfdruck

04 Glas und Strahlung

05 Schallschutz und Akustik

06 Brandschutz

07 Anhang

Vorwort

Die Bauphysik ist die wissenschaftliche Grundlage, auf der die Bauklimatik und auch Teile der Haustechnik aufbauen. Auch dieses Buch bricht die Themen für entwerfende Architekten, Architektinnen, Studierende und Laien auf eine verständliche und aus meiner Sicht ausreichende Tiefe herunter.

Bei der Bauphysik handelt es sich um die Betrachtung von Energien, die sich durch das Gebäude und seine Bauteile bewegen. Wenn man wenige Grundsätze einmal begriffen hat, kann man auch ohne großartige Verwendung von Formeln verstehen, was passiert, und vor allem wie baukonstruktiv oder technisch damit umzugehen ist. Und genau darum geht es: Der Planer oder die Planerin braucht keine abstrakte Physik, sondern er oder sie braucht eine anwendungsbezogene Anschauung dessen, was aufgrund der Physik in Bauteilen oder Gebäuden passiert.

Die Bauphysik ist keine Raketenwissenschaft, sondern in den meisten Fällen bloße Anschauung, verpackt in hochtrabende Begriffe. Zum Beispiel die Thermodynamik. Der Begriff klingt nach großer Wissenschaft, erklärt aber nur ein paar ganz grundlegende Naturgesetze, die jeder kennt: Energieerhaltung, Energieumwandlung, Energietransport von warm zu kalt. So einfach diese drei Prinzipien sind, so wichtig sind sie für Baukonstruktion, Energieeinsparung und Nachhaltigkeit.

Darum ist der Schlüssel zu einem nachhaltigen, klimagerechten und technisch guten Gebäude die Bauphysik.

Die Texte in diesem Buch verzichten im Weiteren zur schnelleren Rezeption und Verbesserung des Verständnisses zu großen Teilen auf das Gendern. Es sind jedoch grundsätzlich alle Geschlechter gemeint.

IN EINEM KLIMA, IN DEM DIE WECHSELNDEN JAHRESZEITEN EINE ÄNDERUNG DER UMGEBUNG HERBEIFÜHREN, IST ES WESENTLICH, FORMALE STRUKTUREN ZU ENTWICKELN, DIE AUF SINNVOLLE WEISE DIESEM WECHSEL ENTSPRECHEN.

Logik der Baukunst, Christian Norberg-Schulz,
Bauweltfundamente 15, Frankfurt am Main / Berlin 1965

01

Wärme-
und Feuchte-
transport

Wärme und Bewegungsenergie

Die Geschwindigkeit, mit der sich Teilchen eines Stoffes bewegen, wird mit der Temperatur beschrieben. Die Regel ist einfach: Je schneller sich die Teilchen bewegen, desto höher ist die Temperatur des Stoffes. Wir nennen das auch die innere Energie.

Das Thermometer ist der Tachometer für Molekülgeschwindigkeiten

Auch sehr interessant ist, dass die Zufuhr von Energie in einen Stoff äquivalent zum Anstieg der Temperatur ist. Führe ich eine Menge X an Energie einem Medium zu, wird sich die Wärmebewegung und daher die Temperatur im Medium um die gleiche Menge X erhöhen.

Das ist für die Bauphysik eine sehr spannende Erkenntnis, da wir so sehr einfach die Wärme- oder Energieaufnahme eines Baukörpers bestimmen können.

In der Gebäudetechnik hilft uns diese Gesetzmäßigkeit, schnell bestimmen zu können, wie viel Wärme oder Energie zum Beispiel ein Trinkwasserspeicher aufnimmt. Oder umgekehrt, wie viel Energie wir aufbringen müssen, um einen solchen auf eine Zieltemperatur zu erwärmen.

Beobachten können wir dieses eher abstrakte Problem am besten beim Wechsel des Aggregatzustands eines Mediums. Wir wissen alle, kühlt man Wasser ab, wird es irgendwann zu Eis. Die vorher schnellen Teilchen verlieren so viel Energie, dass die Anziehungskraft untereinander so stark wird, dass sie sich in einem Gitter aneinander ausrichten. Die Bewegungsenergie ist dann also klein.

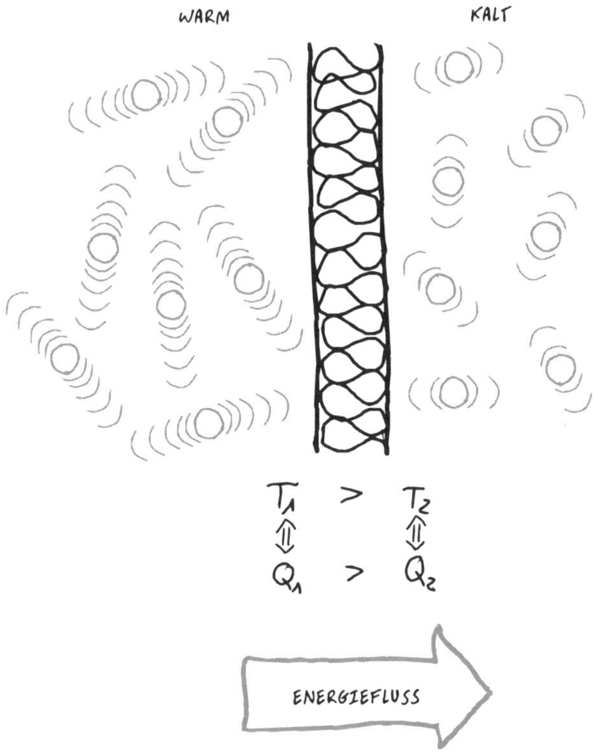

$Q_1 - Q_2 \sim T_1 - T_2$ $\qquad$ $Q_1 - Q_2 = m\,c\,(\Theta_1 - \Theta_2)$

m = MASSE

c = SPEZIFISCHE WÄRMEKAPAZITÄT (STOFFKENNWERT)

Wärmeleitung

Die Thermodynamik oder auch Wärmelehre beschreibt im 2. Hauptsatz, dass sich unterschiedliche Temperaturniveaus immer ausgleichen. Und dies tun sie auch immer in nur einer Richtung, von warm zu kalt.

Ein Temperaturniveau beschreibt eine innere Bewegungsenergie und dementsprechend bewegen sich die Teilchen in einem Medium mit höherer Temperatur schneller als in einem Medium mit niedriger Temperatur.

Man kann das Modell nun weiterdenken. Die Teilchen stoßen ständig aneinander. Wenn nun ein Medium mit hoher Temperatur ein Medium mit niedriger Temperatur berührt, dann werden die schnellen, hochenergetischen Teilchen an der Oberfläche auch gegen die niedrigenergetischen Teilchen des kälteren Mediums stoßen. Dabei wird Energie auf das langsamere Teilchen übertragen. Solche Energieübertragungen finden dann so lange statt, bis alle Teilchen sich gleich schnell bewegen. Würde dieser Zustand erreicht, den die Natur ständig anstrebt, hätten alle Teilchen aller Stoffe die gleiche Energie, hätte also alles die gleiche Temperatur.

Mit diesem Denkmodell erklärt sich demzufolge auch, warum große Oberflächen besser Wärme an die Umgebung abgeben als kleine. Mit mehr Oberfläche können einfach auch mehr Teilchen andere Nachbarteilchen anstoßen und dabei Energie abgeben.

Große Oberflächen übertragen Energie schneller, können daher schneller erwärmt, aber auch abgekühlt werden.

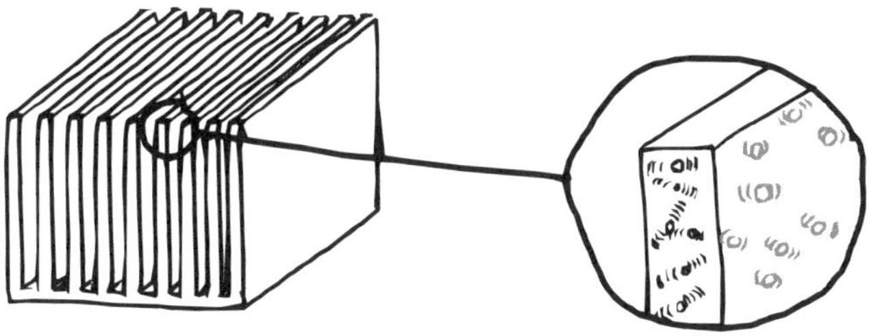

KÜHLKÖRPER MIT
GROSSER OBERFLÄCHE

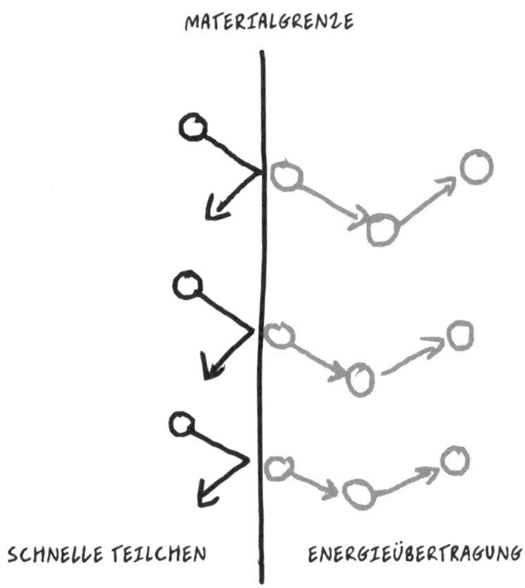

Wärmespeicherung

Ein paar Seiten zuvor habe ich bereits festgestellt, dass Wärme und Teilchenbewegung dasselbe Phänomen beschreiben. Ich habe auch bereits beschreiben, dass die Erhöhung der Temperatur äquivalent zur Erhöhung der Bewegungsenergie der Teilchen eines Mediums ist und dass diese innere Energie sich proportional zur Temperaturänderung verhält. Wenn wir also die innere Energie eines Mediums verändern können, dann ist es logisch, dass wir Energie in einem Medium in Form von Teilchenbewegung speichern können.

Und genau das tun wir in der Gebäudetechnik und Bauphysik: Wir speichern Wärme in Wasser, um diese zu einem späteren Zeitpunkt abrufen und nutzen zu können. Natürlich kann Energie auch in Feststoffen gespeichert werden, aber Wasser hat sich als äußerst praktisch erwiesen. Oder wir nutzen die Aufnahme und Speicherung von Wärme in unseren Bauteilen, um Gebäude bei konstanter Temperatur zu halten.

Um zu wissen oder berechnen zu können, wie viel Energie ich in einem Medium speichern kann, muss ich die Masse des Mediums und seine Wärmespeicherkapazität kennen. Und hier tut sich erneut Wasser hervor – denn dieses hat eine extrem hohe Wärmespeicherkapazität. Sie ist doppelt so hoch wie die von Holz oder viermal so hoch wie die von Luft.

Sieht man sich die Formel an, so erkennt man, dass die Speicherung der Energie im Medium von den Stoffkonstanten Masse und Kapazität abhängt und gleichzeitig Energie- und Temperaturdifferenz äquivalent sind. Möchte ich beispielsweise die Wassertemperatur meines Wärmespeichers um 4° C anheben und habe 200 l Wasser im Speicher, so benötige ich dafür das Gewicht von Wasser in kg. 1 l wiegt 1 kg. Man benötigt die Wärmekapazität von Wasser. Diese ist 4 200 Ws/kg K. Man multipliziert dann 200 kg mit 4 200 Ws/kg K und mit den 45 K und erhält 37 800 000 Ws, was umgerechnet 10,5 kWh sind.

200L WASSERSPEICHER

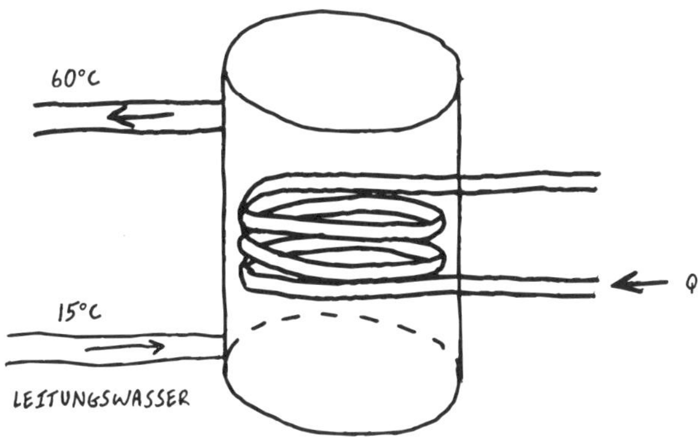

WASSER
c - 4200 Ws/kg K
m - 200L = 200kg

$$Q = m\,c\,(\vartheta_1 - \vartheta_2)$$

$$Q = m\,c\,(\vartheta_1 - \vartheta_2)$$

$$Q = \frac{4200\,Ws \cdot 200\,kg\,(60\,C - 15\,°C)}{kg\;K}$$

$$Q = \frac{4200\,Ws\;\;200\,\cancel{kg}\;\;45\,\cancel{K}}{\cancel{kg}\;\;\cancel{K}}$$

$$Q = 37\,800\,000\,Ws = 37\,800\,kWs \quad /3\,600\,s/h$$

$$Q = 10{,}5\,kWh$$

Phasenübergang

Der Phasenübergang eines Stoffes ist für die Speicherung von Energie besonders interessant. Er wird zum Beispiel für sogenannte Latentspeicher genutzt. Was passiert bei einem Phasenübergang, also dem Wechsel zwischen gasförmig, flüssig und fest?

Hierzu muss sich noch einmal vor Augen geführt werden, dass sich bei einem Phasenwechsel die Gitterstruktur eines Stoffes ändert. In festem Zustand dominiert im Medium ein starres Gitter. In flüssigem Zustand liegt kein festes Gitter mehr vor, doch es besteht eine ausreichende Anziehung, um die Moleküle noch zusammenzuhalten. Im gasförmigem Zustand werden diese Bindungen dann sozusagen aufgelöst. Da die Moleküle sich aber in einem festen Gitter viel „wohler fühlen", muss zum Zerreißen der Gitterstruktur sehr viel Energie aufgebracht werden. Der Prozess erfordert also zusätzliche Energie: nicht zur direkten Umsetzung in Bewegungsenergie, sondern eben für die Trennung des Gitters.

Von außen betrachtet passiert Folgendes: Es wird Energie zugeführt, die aber keine Temperaturerhöhung bewirkt. Oder umgekehrt: Wenn ein Gitter gebildet wird, wie beim Vereisen von Wasser, wird zusätzliche Energie frei, ohne dass sich ein Temperaturabfall messen lässt.

Das Wunderbare an dieser Bindungsenergie ist, dass sie sehr viel länger gespeichert werden kann als die reine Temperatur, denn sie entweicht nicht so einfach durch Teilchenstöße von einem Medium zum anderen.

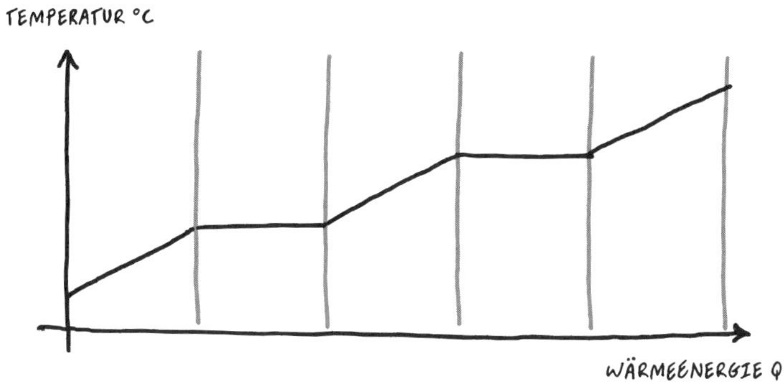
TEMPERATUR °C
WÄRMEENERGIE Q

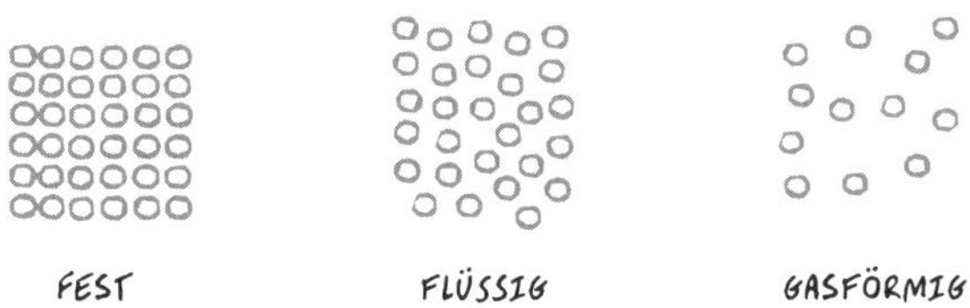
FEST
FLÜSSIG
GASFÖRMIG

Konvektion

Die Konvektion ist im Grunde der Transport von Wärmeenergie mittels eines Mediums, das sich im Raum bewegt. In der Regel handelt es sich in den Fällen, die wir betrachten, um Luft. Es bedarf einer Wärmquelle und der Schwerkraft. Natürlich können auch andere Kräfte zu entsprechenden Bewegungen führen, aber wir bleiben hier bei den Systemen, die wir am oder im Gebäude beobachten können.

Die Luft wird also an einer Wärmequelle, oft dem Heizkörper, erwärmt Dabei verringert sich ihre Dichte. Dies wiederum führt dazu, dass die Luft steigt. Nun kann sie nur so lange steigen, bis die Zimmerdecke sie aufhält und in eine horizontale Bewegung umleitet. Auf diesem Weg durch den Raum kühlt sie wieder leicht ab und fällt zurück zum Boden. Da gleichzeitig am Heizkörper andere Teile der Luft erwärmt werden und ebenfalls aufsteigen, strömt die gerade herabgefallene Luft zurück zum Heizkörper. Damit schließt sich der Kreis.

Bei der Konvektion wird also Wärme oder Energie von dem Medium, hier Luft, durch den Raum transportiert und kontinuierlich an die Umgebung abgegeben. Das Prinzip ließe sich mit dem Umrühren einer Soße beim Kochen vergleichen. Durch das Umrühren wird die Energie im Topf schneller verteilt und ausgeglichen, als wenn man wartet, bis sich die Energie im Topf von allein ausbreitet.

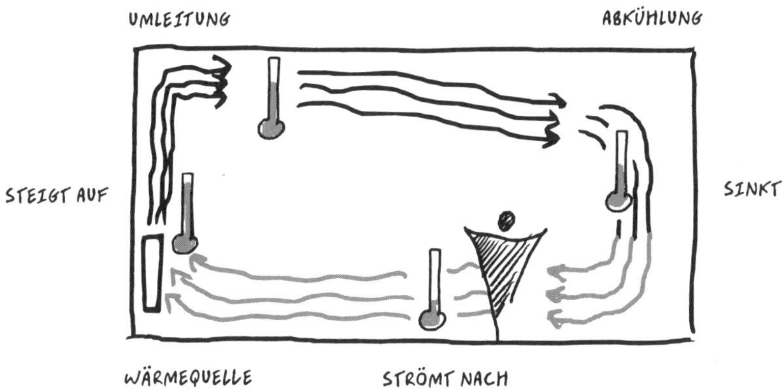
UMLEITUNG
ABKÜHLUNG
STEIGT AUF
SINKT
WÄRMEQUELLE
STRÖMT NACH

Strahlung

Im Gegensatz zur Konvektion ist Strahlung eine Sender-zu-Empfänger Direktübertragung von Energie. Wir stellen uns einen Laserstrahl vor. Dieser wird von einer Energiequelle ausgesendet. Solange er auf keine Oberfläche trifft, gibt er an seine Umgebung keine Energie ab. Es wird um den Laserstrahl herum nicht wärmer. Trifft er dann auf eine Oberfläche, überträgt er die ausgesendete Energie direkt auf die Teilchen des getroffenen Mediums. Die innere Energie des Teilchens wird erhöht, die Temperatur des Mediums steigt.

Die meisten Wärmequellen auf der Erde geben Ihre Energie auf verschiedene Art simultan ab. Strahlung und Konvektion finden gleichzeitig statt. Jedoch je nach Material, Oberfläche und Beschaffenheit in verschiedenen Verhältnissen.

Die Sonne überträgt ihre Energie auf unsere Erde vollständig mittels Strahlung. Eine Konvektion wäre im Vakuum des Weltalls nicht möglich. Strahlung jedoch benötigt kein Transportmedium und kann auch durch das Vakuum versendet werden.

Das sagt uns aber auch, dass unsere Sonne nicht direkt die Atmosphäre erwärmt. Auch wird die Luft im Gebäude nicht durch Sonneneinstrahlung erwärmt. Es sind immer die Objekte bzw. die Bauteile, die von der Sonnenenergie erwärmt werden und anschließend diese Wärme an die Umgebung abgeben.

Darum ändern Wärmekapazitäten von Bauteilen das Klima im Gebäude. Denn je mehr Sonnenenergie die Bauteile unserer Häuser über den Tag aufnehmen können, desto weniger oder später geben sie diese an die Umgebung, wie Innenräume, ab. Die Räume bleiben also länger kühl.

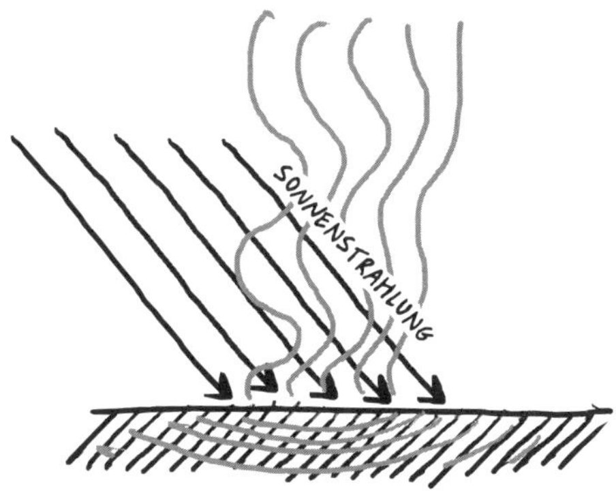
SONNENSTRAHLUNG

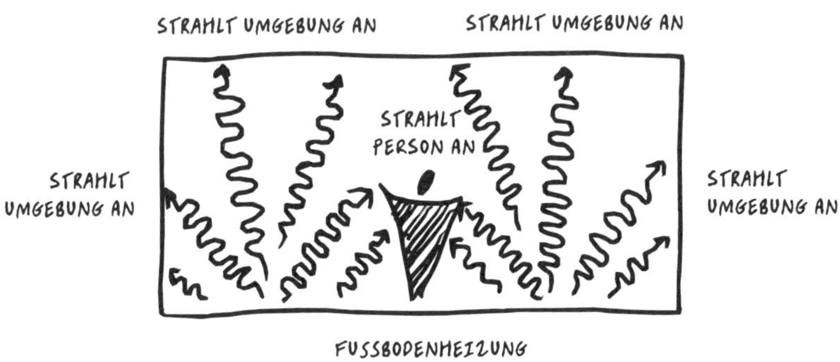
STRAHLT UMGEBUNG AN
STRAHLT UMGEBUNG AN
STRAHLT PERSON AN
STRAHLT UMGEBUNG AN
STRAHLT UMGEBUNG AN
FUSSBODENHEIZUNG

Verdunstung

Die Verdunstung kennen wir als Menschen allgemein oder speziell im Bauwesen als Mittel zum Wärmeabtransport oder auch zur Kühlung. Wir Menschen schwitzen, der Schweiß ändert den Aggregatzustand von flüssig zu gasförmig. Dabei nimmt er Energie auf, die er dann als Gas abtransportiert. Genau dasselbe passiert, wenn wir Verdunstung zum Kühlen von Oberflächen in der Gebäudetechnik verwenden. Aber genauso kühlen auch Pflanzen ihre Umgebung. Denn Pflanzen geben bei der Photosynthese Wasser ab, das dann eben auch verdunstet. Dieser Verdunstungsprozess zieht seine Energie aus der Umgebung. Daher spricht man auch davon, dass eine Pflanze eine Kühlleistung hat.

Um die Größenordnung dieser Leistung ein wenig einschätzen zu können: Wenn Pflanzen 10 l Wasser verdunsten, führen sie damit eine Energie von 7 kWh ab. Das entspricht etwa der Energie, die ein Desktop-PC in 10 Stunden verbraucht. Nun verdunstet eine Topfpflanze keine 10 Liter am Tag, aber eine Grünfassade besteht schon aus einer ganzen Menge von Pflanzen.

Im und am Gebäude ist die Verdunstung allerdings eher in der Haustechnik zu finden – in der Gebäudekühlung oder in Lüftungsanlagen.

Blicken wir hingegen einmal zurück auf autochthone Gebäude wie das sulawesische Toraja-Haus, finden wir die Verdunstung zur Kühlung umgesetzt in den feuchten Reismatten in den Dachkonstruktionen. Hier streift die Luft durch den Dachraum, wird durch Verdunstung gekühlt und sinkt dann in den Wohnraum ab.

Schon die alten Perser nutzten Wasser zur Kühlung ihrer Gebäude, indem sie mit Wasser gefüllte Tonbehälter in den Windstrom der Windtürme hineinhängten.

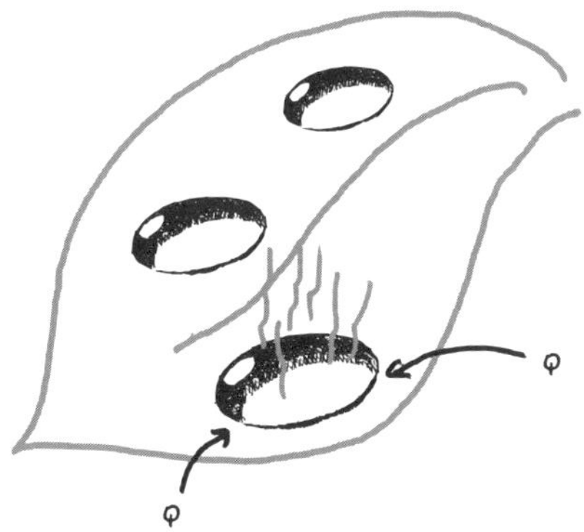

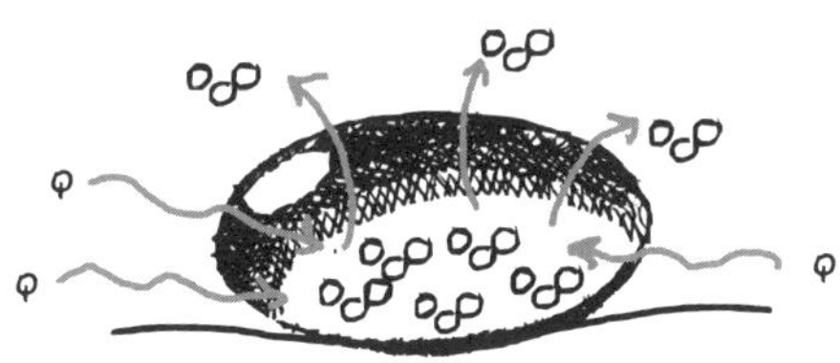

02

Wärme-dämmung

Wärmedämmstoffe

Wärmedämmstoffe sind im Grunde Materialen mit einem großen Anteil von Luftporen oder Lufteinschlüssen. Dabei wird die geringe Wärmeleitfähigkeit von Luft verbunden mit der Verhinderung von Luftbewegung genutzt, um Energietransporte zu reduzieren. Es gibt verschiedene Materialien, aus denen Wärmedämmung hergestellt werden kann:

Mineralische Werkstoffe
- Glaswolle
- Schaumglas
- Steinwolle

Kunststoffe
- Polystyrol
- Polyurethan

Nachwachsende Materialien
- Holzwolle
- Zellulose
- Schafwolle
- Hanf

Hightech-Dämmungen
- Vakuumdämmung
- Aerogel

Nur die Kunststoffe oder das Schaumglas eignen sich für Bauteile, die wasser- oder erdberührt sind. Andere Materialien nehmen entweder Wasser auf, was die Wirkung der Luftkammern aufhebt, oder verrotten sogar, wenn sie nass werden.

Also kann man sich grundsätzlich merken: Je mehr Luft in der Dämmung ist, sprich je höher der Porenanteil, desto geringer wird die Wärmeleitfähigkeit.

EXTRUDIERTER SCHAUM
(STYRODUR, STYROPOR, SCHAUMGLAS)

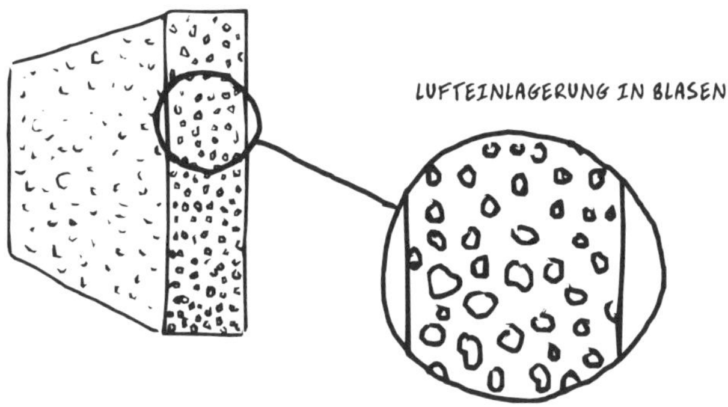

WOLLE
(STEINWOLLE, GLASWOLLE, SCHAFWOLLE)

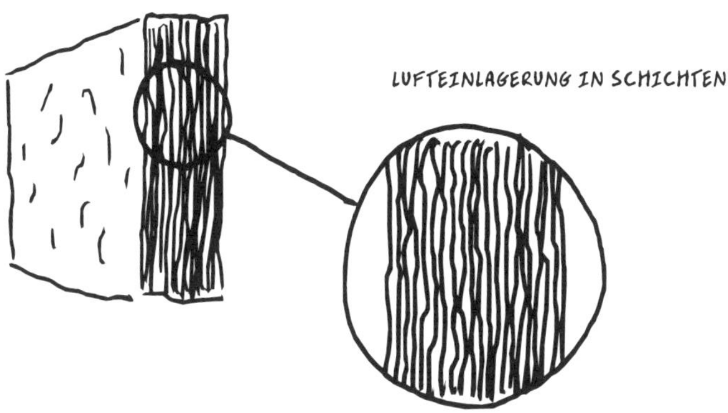

Wärmedurchlasswiderstand und Wärmedurchlasskoeffizient

Unterschiedliche Temperaturen haben das Bestreben sich auszugleichen. Daher möchte die Wärme im Winter in der Regel aus dem warmen Gebäude in die kalte Umgebung strömen. Unsere Bauteile leisten dieser Energiebewegung verschieden starken Widerstand, der den Wärmetransport verlangsamt. Dieser heißt Wärmedurchlasswiderstand. Die Geschwindigkeit des Wärmetransports wird durch eine höhere Wärmedifferenz (Potenzialunterschied) angetrieben und beschleunigt, aber gleichzeitig durch den Wärmedurchlasswiderstand abgebremst.

In der Praxis arbeiten wir allerdings mit dem Kehrwert des Wärmedurchlasswiderstands, dem Wärmedurchlasskoeffizienten, der auch U-Wert genannt wird. Dieser beschreibt nun nicht, welchen Widerstand das Bauteil dem Energiefluss entgegensetzt, sondern umgekehrt, wie gut das Bauteil die Wärme leitet.

Entsprechend sollte ein Wärmedurchlasswiderstand möglichst groß sein, um Energietransport zu verlangsamen, und umgekehrt ist der Wärmedurchlasskoeffizient möglichst klein zu wählen.

Jedes Bauteil und jedes Material, mit dem wir Gebäude konstruieren, hat eine Wärmeleitfähigkeit, also einen Wärmedurchlasskoeffizienten. Dichte Materialien wie Metalle haben häufig einen hohen U-Wert, wohingegen Wärmedämmungen einen niedrigen U-Wert haben. Eine Steinwolldämmung erreicht zum Beispiel bei 20 cm Stärke einen U-Wert von rund 0,17 W/(m^2K). Fichte Vollholz hat bei gleicher Stärke einen U-Wert von rund 0,58 W/(m^2K), wohingegen 20 cm Beton einen U-Wert von 4,0 W/(m^2K) aufweisen.

Mit vielen massiven Holzkonstruktionen erreicht man bereits ab 51 cm Wandstärke den Mindestwärmeschutz von 0,24 W/(m^2K).

STAHLBETON $\lambda = 2{,}1$

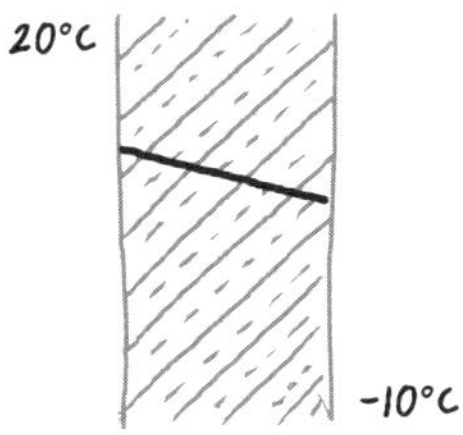

ZIEGELMAUERWERK $\lambda = 0{,}8$

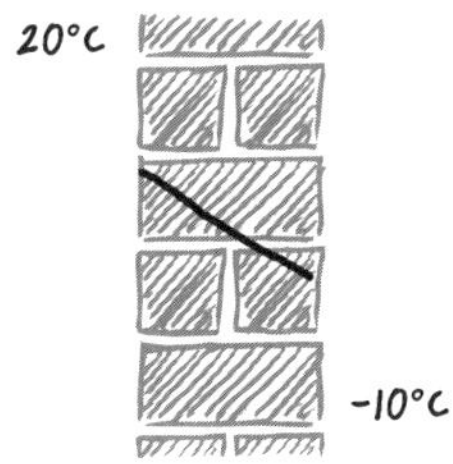

MINERALWOLLE $\lambda = 0{,}036$

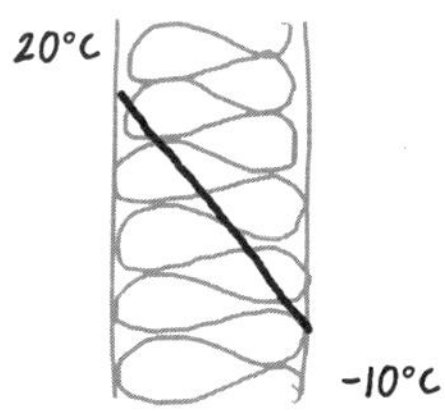

PUTZ $\lambda = 1{,}0$

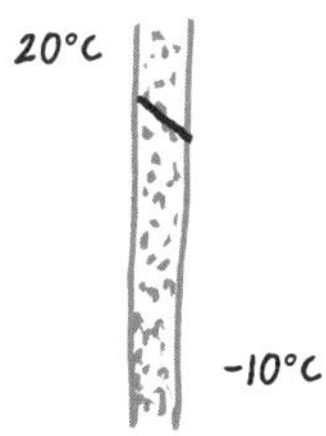

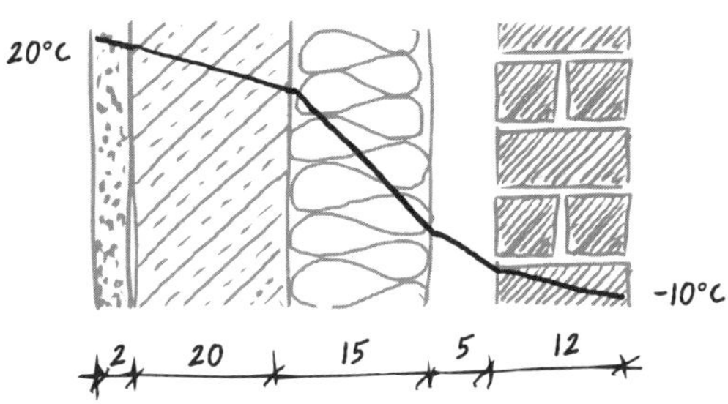

$$R = \frac{0{,}02}{1{,}0} + \frac{0{,}12}{2{,}1} + \frac{0{,}15}{0{,}036} + \frac{0{,}05}{0{,}025} + \frac{0{,}12}{0{,}8} = 6{,}42 \cdot \frac{m^2K}{W}$$

$$U = \frac{1}{R} = 0{,}15\ \frac{W}{m^2K}$$

Wärmeübergangswiderstand

Wir wissen, dass Luft ein schlechter Wärmeleiter ist. Ruhende Luft ist das Medium, das den meisten Dämmstoffen ihre Eigenschaft gibt. Und genau diese ruhende Luft ist auch der Grund, dass die Energie zwischen der das Bauteil umgebenden Luft und der Bauteiloberfläche schlechter ausgetauscht wird. Man kann sich das so vorstellen: Jede Oberfläche besitzt eine Rauheit. Die Oberflächen unserer Baumaterialien auch. Durch die raue Oberfläche bildet sich eine hauchdünne stehende Luftschicht, die wie eine Dämmung über dem Bauteil liegt. Sie bremst den Energieaustausch zwischen der Umgebungsluft und dem Bauteil. Das Prinzip kennen wir von Textilien und in der Natur von Tierfellen.

In Innenräumen sind die Luftbewegungen an sich in der Regel nicht besonders groß, daher kann sich die stehende Luftschicht gut ausbilden. Der Widerstand ist also verhältnismäßig hoch.

Außen an Fassaden haben wir häufig stärkere Luftbewegungen durch beispielsweise Winde. Die stehende Luftschicht wird stärker gestört und ist daher schwächer.

In hinterlüfteten Bauteilen herrschen ähnliche Luftbewegungen wie im Gebäudeinnern. Daher ist der Wärmeübergangswiderstand hier äquivalent zu den Bauteilinnenflächen.

Erdberührte Bauteile haben gar keinen Wärmeübergangswiderstand, da hier die Energie ungebremst vom Bauteil in das Erdreich strömen kann. Dies lässt sich gut anhand geschichteter Bauteile erklären. Wenn sich die Materialien berühren, wird dazwischen keine Luftschicht angenommen.

Der Widerstand an der Innenseite wird mit Rsi bezeichnet, derjenige an der Außenseite mit Rse.

R-WERTE NACH DIN 4108-3
(R_{SI} IST IMMER 0,4)

	RICHTUNG HORIZONTAL	AUFWÄRTS	ABWÄRTS
ENERGIE-BERECHNUNG	R_{SE} 0,13	R_{SE} 0,10	R_{SE} 0,10
WÄRMEBRÜCKEN-BERECHNUNG	R_{SE} 0,25	R_{SE} 0,25	R_{SE} 0,35

U-Wert-Berechnung

Nachdem auf den vorangegangenen Seiten der Wärmedurchlasswiderstand und der Wärmeübergangswiderstand erklärt wurden, werfen wir jetzt einen Blick in die Berechnung der U-Werte. Dazu berechnen wir in der Regel den Wärmedurchlasswiderstand des gesamten Bauteils und bilden den Kehrwert.

Der Wärmedurchlasswiderstand eines monolithischen Bauteils, also eines Bauteils aus nur einem Baustoff, ergibt sich ganz simpel aus der Bauteildicke geteilt durch den Wärmedurchlasswiderstand des Stoffes. Dem hinzuaddiert werden die Wärmeübergangswiderstände innen und außen. Schließlich bildet man den Kehrwert.

Bei geschichteten Bauteilen ist das Prinzip dasselbe. Nur werden hier die Wärmedurchlasswiderstände der einzelnen Schichten berechnet und anschließend aufaddiert. Auch hier werden dann wieder die Wärmeübergangswiderstände hinzuaddiert und anschließend wird der Kehrwert gebildet.

Etwas spannender wird es bei gemischten Bauteilen. Das typische Beispiel ist die ausgedämmte Holzständerkonstruktion. Hier haben die Bereiche, die mit Dämmung gefüllt sind, einen anderen Wärmedurchlasswiderstand als diejenigen, in denen die Holzständer stehen. Aber auch hier ist die Vorgehensweise sehr logisch. Man berechnet die beiden unterschiedlichen Wandaufbauten, stellt das Verhältnis der beiden Aufbauten in der Wand je Quadratmeter Wandfläche fest und bildet darüber einen Mittelwert. Danach geht es weiter wie gehabt.

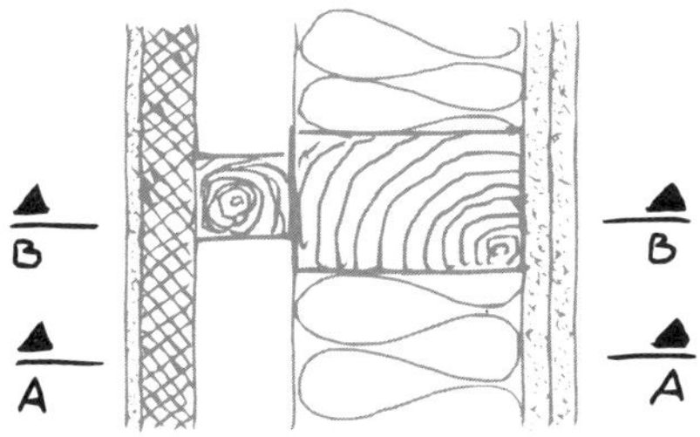

$$(0{,}10 \cdot 0{,}30) + (0{,}90 \cdot 0{,}10) = 0{,}12$$

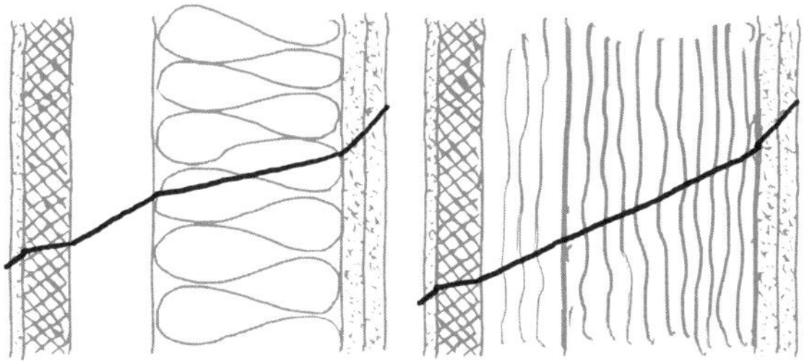

SCHNITT A–A

$R_1 = R_{SI} + \sum R + R_{SE}$

$U_1 = 1/R_1$

SCHNITT B–B

$R_2 = R_{SI} + \sum R + R_{SE}$

$U_2 = 1/R_2$

$$(X\% \cdot U_1) + (Y\% \cdot U_2) = U_G$$

Wärmebrücke

Zuerst wäre hier mit einem weit verbreiteten Fehler aufzuräumen. Aufgrund des Phänomens, dass sich Bauteile im Bereich von Wärmebrücken auf der warmen Seite kälter anfühlen, werden sie häufig fälschlicherweise als Kältebrücken bezeichnet. Da sich aber Energie immer nur vom Ort mit hohem Potenzial zu Orten mit niedrigem Potenzial, also von warm zu kalt, bewegt, handelt es sich folgerichtig um eine Wärmebrücke. Eine Brücke, die es der Energie oder Wärme ermöglicht, sich schneller durch das Bauteil an den Ort niedrigerer Energie als in seinen benachbarten Bereichen zu bewegen.

Wärmebrücken gibt es beim Bauen viele, einige davon sind unvermeidbar. Andere entstehen durch Konstruktionsfehler. Manche von ihnen sind harmlos, da sie einfach nur wenig erhöhten Energiefluss erzeugen. Andere können zu Bauteilauskühlungen, Bauteilfeuchte, Schimmel und zur Zerstörung von Bauteilen führen.

Wärmebrücken mit sehr starkem Energiefluss entstehen in der Regel durch schlechte Konstruktion, unsachgemäße Details und falschen Materialeinsatz. Sie sind also nicht nur vermeidbar, sondern zählen sogar zu den klassischen Planungsfehlern.

Die harmlosen und oft unvermeidbaren Wärmebrücken führen im Allgemeinen nicht zu Schäden, sind aber zum Beispiel im Wärmeschutznachweis rechnerisch zu betrachten und zu berücksichtigen. Sie gehen unter anderem auch in den Wärmebrückenzuschlag bei der Berechnung der Transmissionswärmeverluste von Gebäuden mit ein.

Wärmebrücken grundsätzlich zu verstehen ist nicht schwer. Es gibt solche, die dadurch entstehen, dass Wärmedämmungen aus konstruktiven Gründen reduziert werden müssen. Andere entstehen dadurch, dass es zu einem Wechsel der Materialien mit unterschiedlichen Wärmeleitfähigkeiten kommt. Sehr häufig entstehen auch Wärmebrücken, weil sich aufgrund der Geometrie das Verhältnis von innerer und äußerer Oberfläche eines Bauteils ändert. Auf den folgenden Seiten werden einige typische Wärmebrücken vorgestellt.

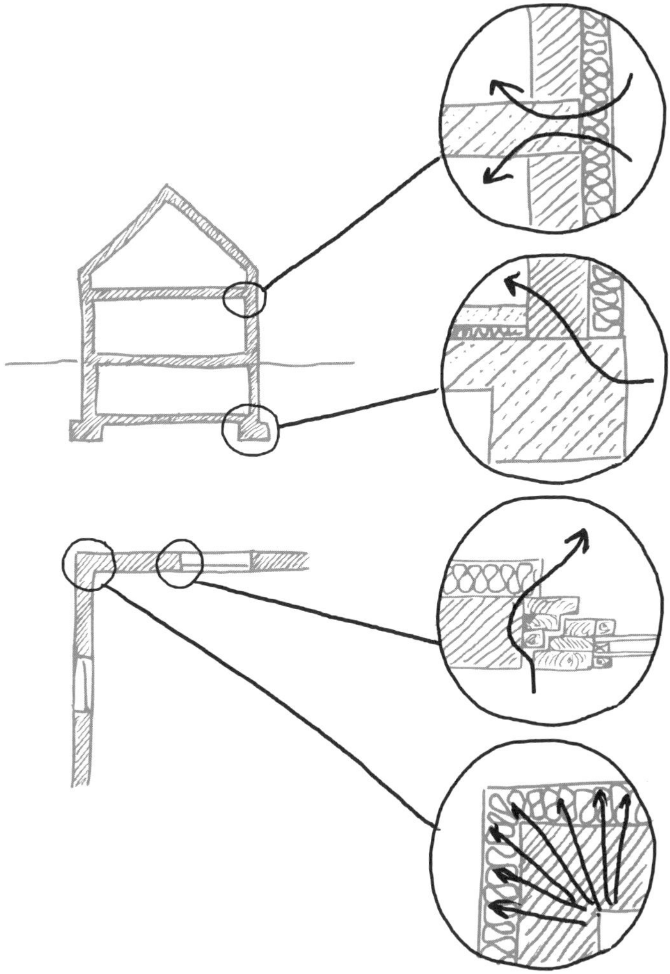

Außenecke

Die meisten Menschen denken bei dem Begriff der Wärmebrücke an Planungsfehler oder an komplizierte Konstruktionen. Doch es gibt auch die unvermeidbaren geometrischen Wärmebrücken. Und genau zu diesen zählt unter anderem die Gebäudeaußenecke. Die Außenecke kommt an fast jedem Gebäude vor.

Wenn man versteht ...

- dass eine Wärmebrücke eine bauliche oder geometrische Situation ist, an der die Wärmeenergie einfach nur schnell die Gebäudehülle durchquert
- dass der Energiefluss davon abhängt, wie groß der Energieunterschied zwischen der warmen und der kalten Seite ist
- dass die Größe der Kontaktfläche, also der Fläche, an der die Wärmeenergie aus der Luft an das Bauteil – oder umgekehrt – angegeben wird, genauso in die Betrachtung einfließt wie die Temperatur selbst ...

... dann versteht man, warum die Außenecke eine Wärmebrücke ist.

Bei einer einfachen Außenwandfläche steht der Wandfläche innen die gleiche Wandfläche außen gegenüber. Sprich, die klassische Berechnung U-Wert × Fläche × Temperaturunterschied (U × A × ΔT) ist auf einer Wandfläche mit demselben Wandaufbau überall gleich.

Bei einer Außenecke jedoch steht einer sehr geringen inneren Wandfläche eine proportional sehr große Außenfläche gegenüber. Kurz gesagt: Die kalte Seite hat mehr Oberfläche, an der sie Energie an die Umgebung abgeben kann, als die innere Seite ihr entgegensetzen könnte. Dadurch kühlt die Außenecke schneller ab als der Rest der Wand. Die Außenecke funktioniert hier wie eine Kühlrippe, da der kalten Außenluft eine große Oberfläche zur Energieübertragung zur Verfügung gestellt wird. Eine dreidimensionale Ecke verstärkt diesen Effekt noch einmal entsprechend.

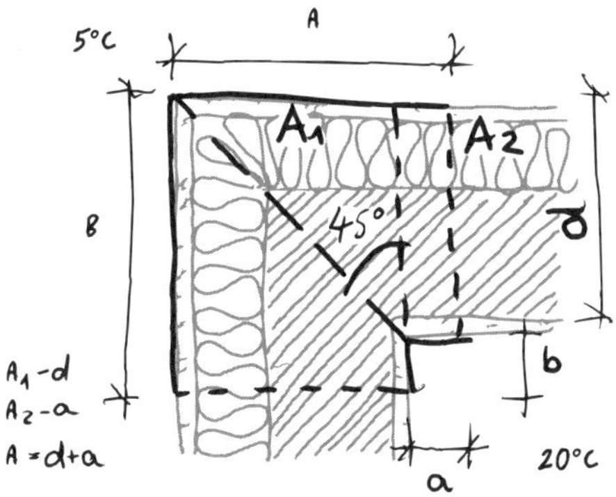
5°C
A
B
A1
A2
45°
d
b
A1 - d
A2 - a
A = d+a
a
20°C

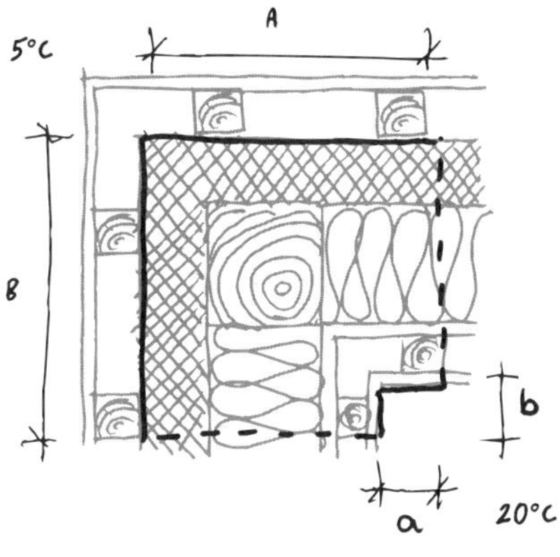
5°C
A
B
b
a
20°C

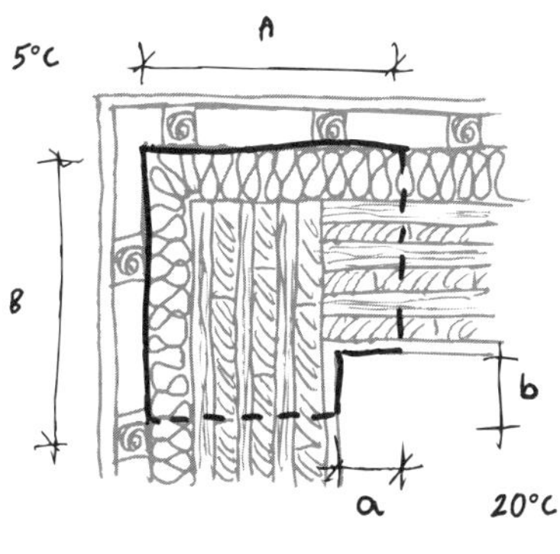
5°C
A
B
b
a
20°C

Deckenkopf

Eine sehr häufig vorkommende Wärmebrücke entsteht an den Auflagern von Decken auf Außenwänden. Insbesondere im Massivbau kommt es hier häufig zu einem Materialwechsel der konstruktiven Bauteile. Liegende Flächentragwerke, also Decken, werden häufig in Stahlbeton ausgeführt. Hingegen werden die nur auf Druck belasteten vertikalen Bauteile, so die Wände, oft in Mauerwerk hergestellt. Stahlbeton hat eine höhere Wärmeleitfähigkeit als die meisten Mauerwerkssteine. Die Decke wird auf dem Mauerwerk aufgelagert. Dieses Detail kann auf verschiedene Arten gelöst werden.

Wird die Decke vollständig auf der Wand aufgelagert, ist am Ende die Wärmedämmung vor dem Deckenkopf genauso dick wie vor der Wand. Da aber der Beton besser Wärme leitet, wird der Aufbau insgesamt einen schlechteren Wärmedämmwert erreichen als der Aufbau im Bereich des Mauerwerks. Dies kann man durch eine Änderung der Wärmedämmung im Bereich der Decke wieder ausgleichen. Die Wärmedämmung muss mit einer geringeren Wärmeleitgruppe gewählt werden als die der Wandfläche.

Ist es möglich, die Decke nicht vollständig auf der Wand aufzulagern, kann man im Bereich des Deckenkopfes die Dicke der Wärmedämmung erhöhen. Damit wird ebenfalls die Wärmedämmung des Gesamtaufbaus angepasst.

Weniger Probleme bekommen wir im Leichtbau, insbesondere Holzbau. Zum einen werden die Konstruktionsmaterialien zwischen den horizontalen und den vertikalen Tragwerken oft nicht geändert. Außerdem hat das Konstruktionsmaterial Holz an sich schon eine geringe Wärmeleitfähigkeit.

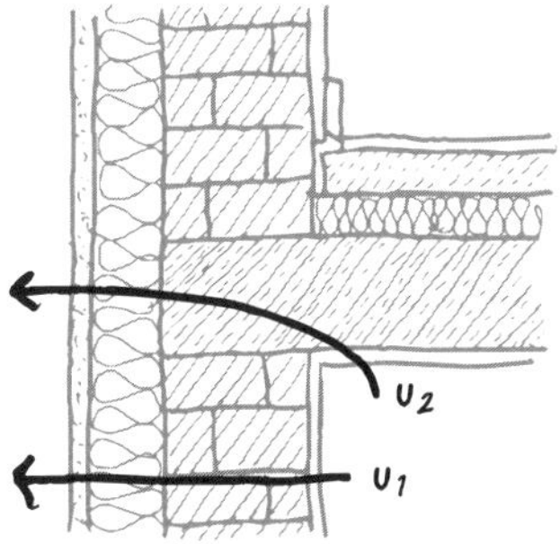
U2
U1

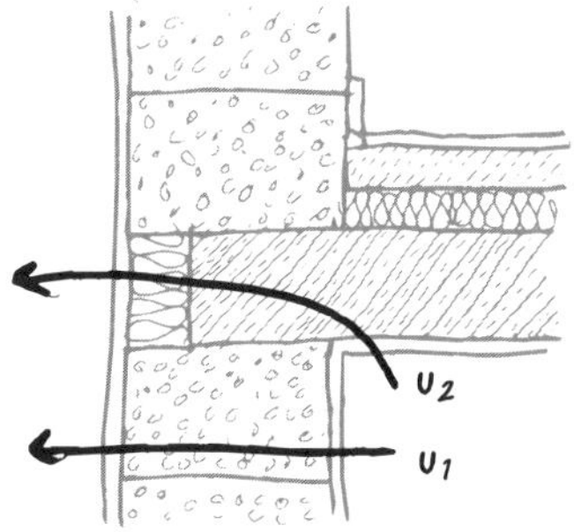
U2
U1

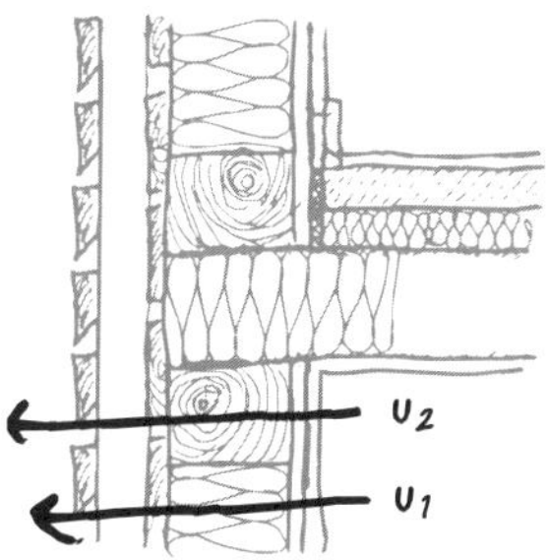
U2
U1

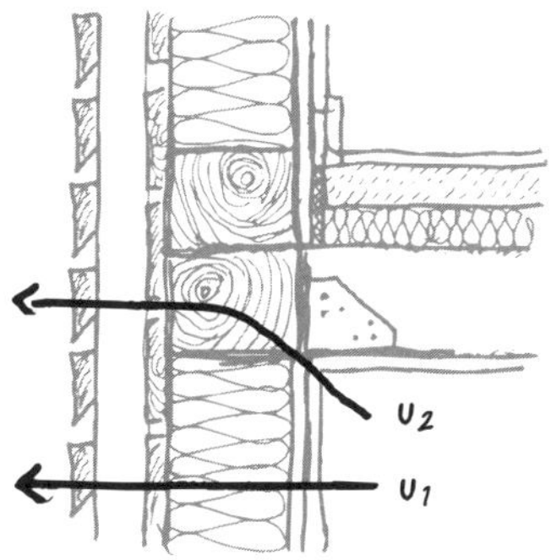
U2
U1

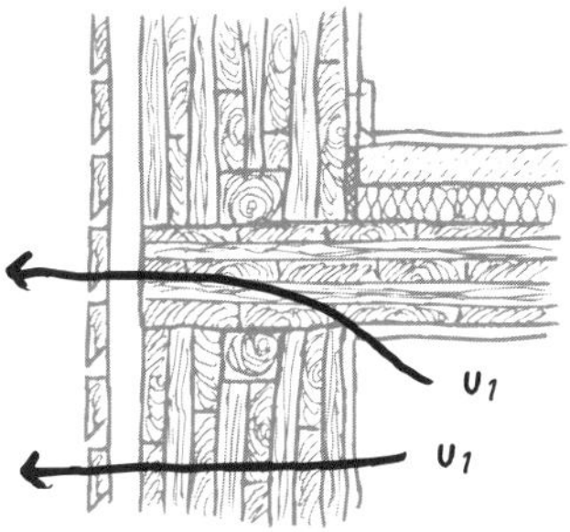
U1
U1

Attika

Die Attika wirkt im Prinzip wie eine Kühlrippe. Sie steht dreiseitig im Freien und bietet entsprechend viel Oberfläche, um Energie an die Umgebung abzugeben. Damit kühlt dieses Bauteil im Winter kontinuierlich aus. Das wiederum hat zur Folge, dass die Energie aus der Innenraumwärme fortwährend nachströmt. Da hier eine große Außenfläche einer sehr geringen Innenfläche gegenübersteht, ist zumindest im Massivbau diese Wärmebrücke kaum zu verhindern. Der Effekt kann durch allseitiges Wärmedämmen reduziert werden, ist aber damit dennoch nicht abgestellt. Um diese Wärmebrücke zu eliminieren, wäre es notwendig, den Energiefluss geringer als den durch die Geschossdecke oder die Wand herunter zu dämmen. Durch seitliche Dämmung wird der Energiefluss auf einen längeren Weg entlang des Bauteils geleitet. Die Länge führt dann dazu, dass der Energiefluss im Bauteil sich verlangsamt.

Es gibt Planer, die diese Wärmebrücke durch Anordnung eines Iso-Korbes verhindern. Diese Lösung ist durchaus wirksam, jedoch sehr teuer. Der Isokorb trennt die Attika somit von der Geschossdecke. Das Bauteil wird von dem Energiefluss aus dem Gebäudeinnern abgeschnitten. Diese Lösung kann aber zu einem anderen Problem führen: Das Bauteil kühlt durch die Abtrennung noch stärker aus, unter Umständen bis zum Gefrieren. Beton oder dichte Mauersteine sind zwar nicht frostempfindlich, aber eventuell eingedrungenes Wasser kann dennoch zu Absprengungen im Material führen.

Im Holzbau dagegen ist dieses Problem kaum bis gar nicht relevant. Da die Holzbauteile an sich schon geringe U-Werte aufweisen, ist hier zumeist keine besondere bautechnische Lösung notwendig. Zudem wird im Holzbau oft in nur einem Material konstruiert, was auch Wärmebrücken vermeidet.

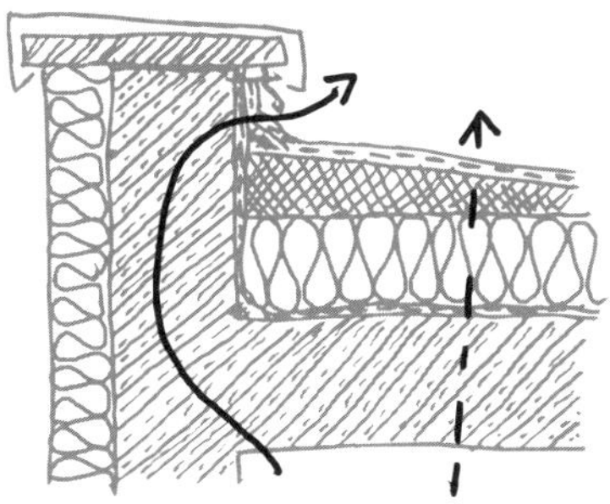

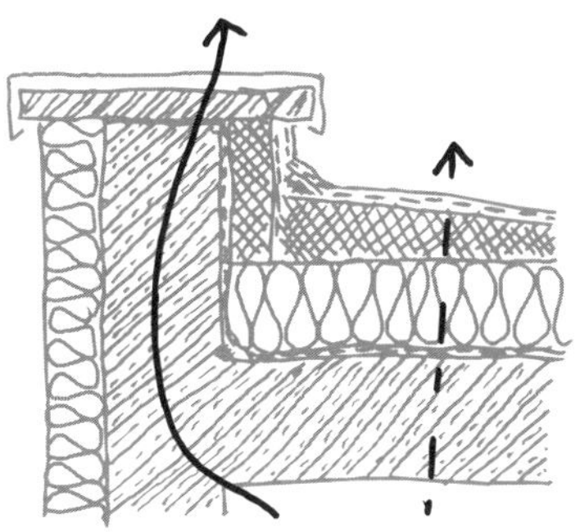

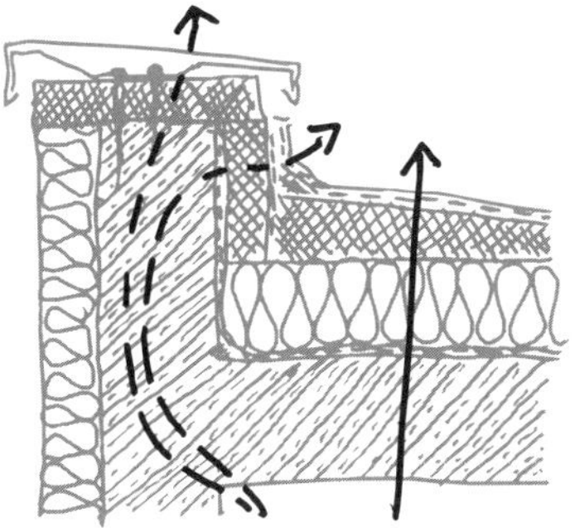

Fußpunkt

Der Fußpunkt, also der Ort, an dem eine Wand auf einer Decke steht, ist auf der untersten Decke – oder auch Sohle genannt – zumeist eine Wärmebrücke. Dies liegt daran, dass die Wand zwar eine seitliche Wärmedämmung hat, jedoch direkt ein kälteres Bauteil berührt.

Bei einem Standarddeckenaufbau wird die unterste Decke, die entweder das Erdreich berührt oder die Grenze zu einem unbeheizten Bereich herstellt, zumeist von den Innenräumen durch die Dämmung im Fußbodenaufbau gedämmt. Die Wand jedoch steht auf der Rohdecke. Damit kann die Energie direkt durch die Wand in die kältere Decke fließen. Im Stahlbetonbau ist dieser Punkt schwierig zu optimieren. Im Mauerwerksbau gibt es für diesen Punkt sogenannte Kimmsteine. Diese besonderen Steine haben bei ausreichender Tragfähigkeit, was eine Dämmung zumeist nicht leistet, einen entsprechend verringerten U-Wert, um diese Wärmebrücke ausreichend zu reduzieren.

Ähnlich verhält es sich bei der typischen Ausbildung des Fußpunkts einer Holzfassade. In der Regel wird die Holzfassade zum Schutz vor Feuchtigkeit auf einen Sockel aus Mauerwerk oder Beton gestellt. Diese ein bis zwei Mauerwerksreihen oder 20 cm Beton haben einen sehr viel höheren U-Wert als eine Holzbauwand. Um diese Wärmebrücke zu reduzieren, muss der Sockelbereich von außen mit einer wasserunempfindlichen Wärmedämmung gedämmt werden.

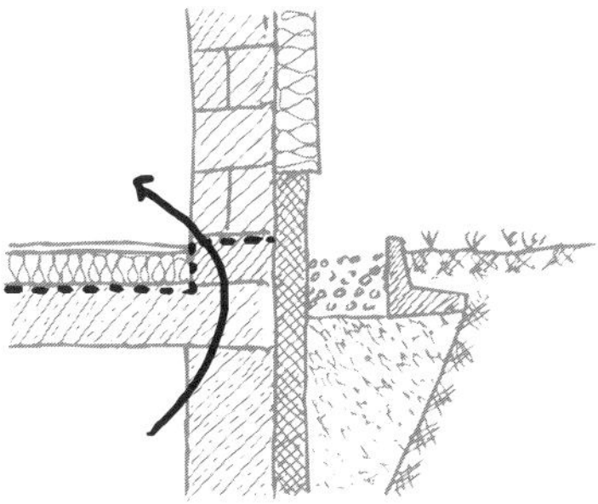

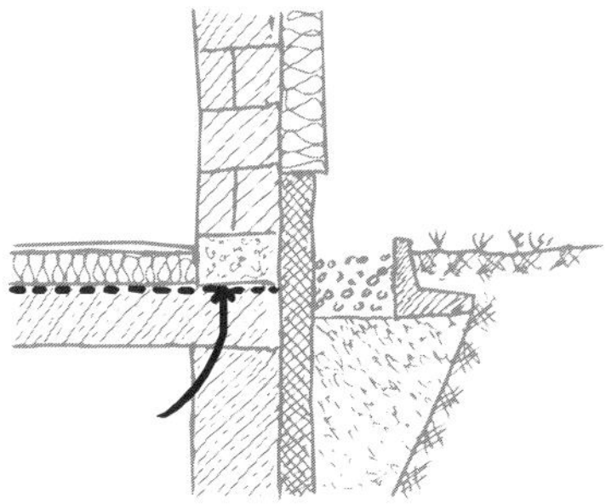

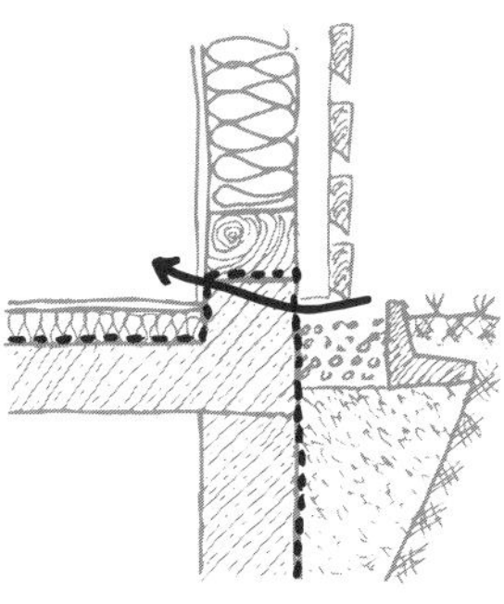

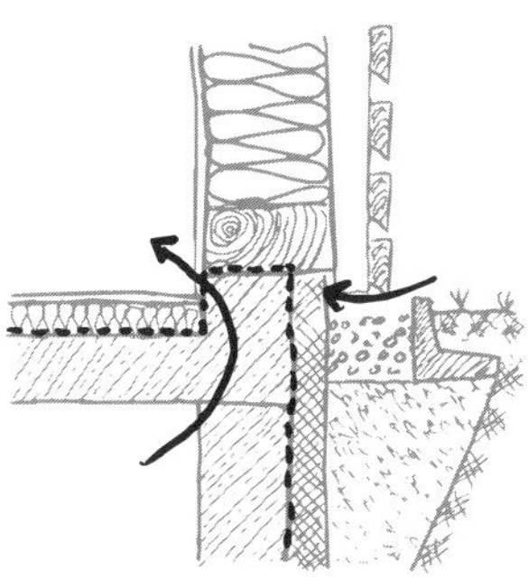

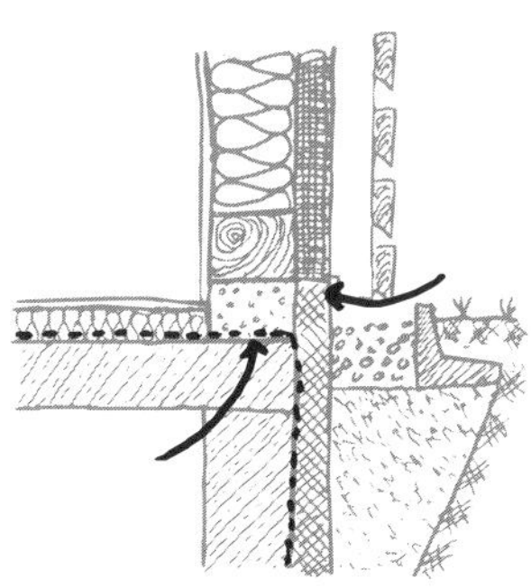

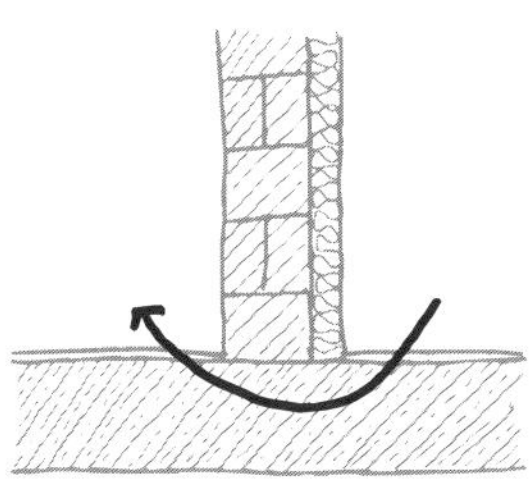

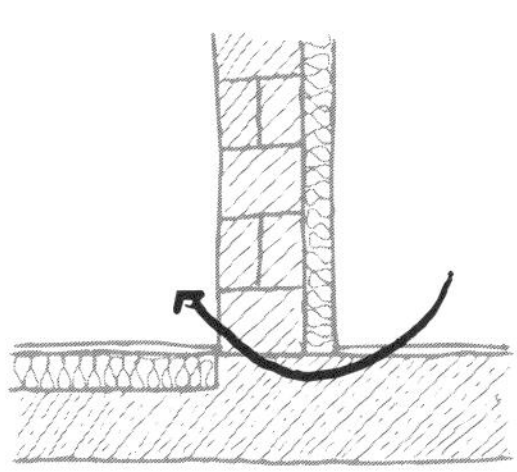

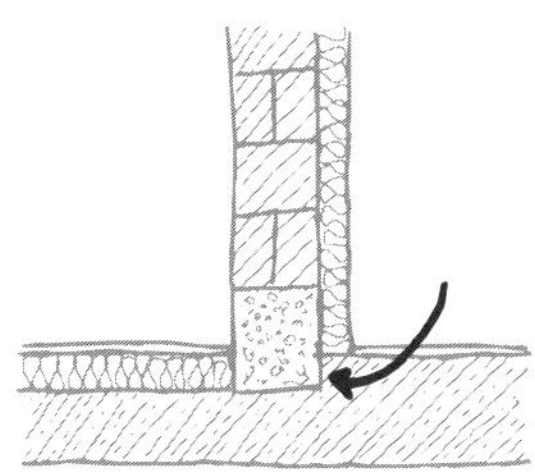

Fundamentüberstand

Fundamentüberstände werden häufig geplant, um außermittige Belastungen der Fundamente zu vermeiden. Diese Lösung allerdings führt zu diversen bautechnischen Problemen. Die Abdichtung wird erheblich erschwert. Aber auch das Herunterführen der Wärmedämmung bis zur Unterkante der Gründung wird zumeist, da sehr schwierig zu bewerkstelligen, weggelassen. Somit entsteht an dieser Stelle eine Wärmebrücke. Die Wärmebrücke ist jedoch verschieden stark, je nachdem, wie der Deckenaufbau ausgeführt wird.

Bei der sehr beliebten Variante, die Wärmedämmung unter die Sohlplatte zu legen, wird der Abstand zwischen Innenraum und erdberührter Außenfläche relativ klein. Da die Energie schneller fließt, wenn der Abstand zwischen warmer und kalter Oberfläche gering ist, wird bei diesem Bodenaufbau die Wärmebrücke noch verstärkt.

Anders verhält es sich, wenn die Wärmedämmung oben auf der Sohlplatte angeordnet wird. Damit wird der Abstand von warmer Innen- und kalter Außenseite vergrößert. Dieser Aufbau hat noch weitere Vorteile: In der recht hohen Dämmschicht können Leitungen und Kabel verzogen werden und der Trittschall wird verbessert.

Im Grunde sollte aber der Überstand von Streifenfundamenten vermieden werden. Dann lassen sich die Fußpunkte besser abdichten und es kann bis zur Unterkante der Gründung ordentlich gedämmt werden.

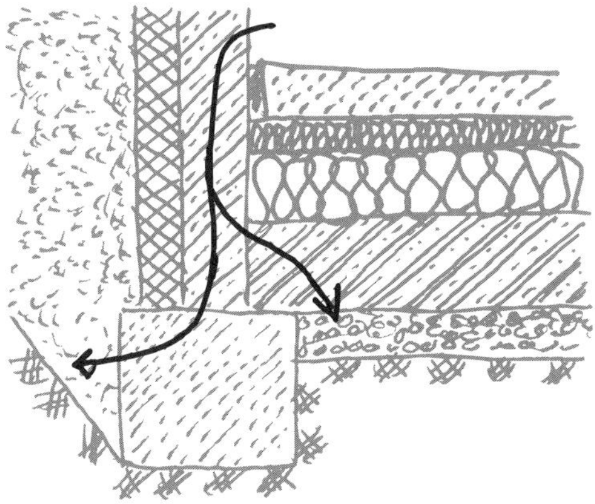

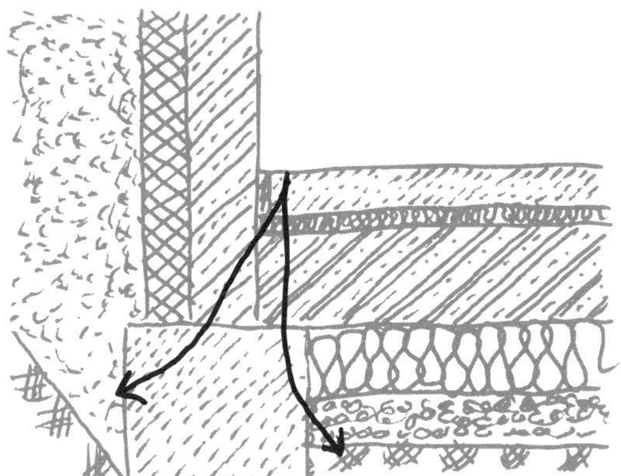

Laibung

So gut wie immer auftauchende Wärmebrücken stellen die Laibungen der Tür- und Fensteranschlüsse dar. Dass hier geometrische Wärmebrücken auftreten, ist gut zu erkennen, wenn man die Situation einmal näher betrachtet. Wir wissen: Wenn bei gleichem Materialeinsatz die Strecke von innen nach außen verkürzt wird, sinkt damit der Wärmedurchlasswiderstand des Bauteils. Im Falle der Laibung reduziert sich die Bauteiltiefe von der vollständigen Wandstärke auf die kurze Strecke der Fensterrahmenstärke. Grob kann man aus der Anschauung sagen, eine 36,5 cm dicke Mauerwerkswand ergibt im Laibungsbereich rund 8–10 cm Wandstärke. Der U-Wert verschlechtert sich also dramatisch.

Zu einem ernsten Problem wird dies, wenn dadurch der U-Wert der Wand im Laibungsbereich schlechter wird als der des Fensterrahmens. Da Energie gern den Weg des geringsten Widerstandes nimmt, würden in diesem Fall die Energie und damit auch der Wasserdampf den Weg durch das Mauerwerk im Laibungsbereich nehmen. Wenn dann aufgrund der Wärmebrücke die Laibung zusätzlich auf 12–14° C abkühlt, fällt das Wasser in der Wand an dieser Stelle aus und die Laibungen können zu schimmeln beginnen.

Dieses Phänomen konnte man in den 1990er-Jahren bei diversen Altbausanierungen beobachten. Es wurden damals in großen Mengen in Gründerzeitbauten alte Holz- gegen neue Kunststofffenster ausgetauscht. Durch diesen Tausch erhielten die alten Gebäude Fensterrahmen mit verbesserten U-Werten. Dadurch wurde der Wärmedurchgang vom Fensterrahmen in die Laibung verschoben. Hinzu kam, dass die Gebäude dichter wurden und somit die Luftfeuchtigkeit anstieg. Es kam zu überproportionalem Auftreten von Schimmel an den Laibungen sanierter Fenster.

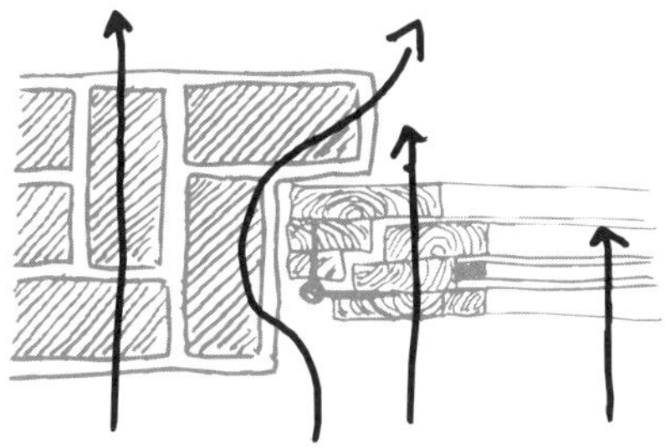

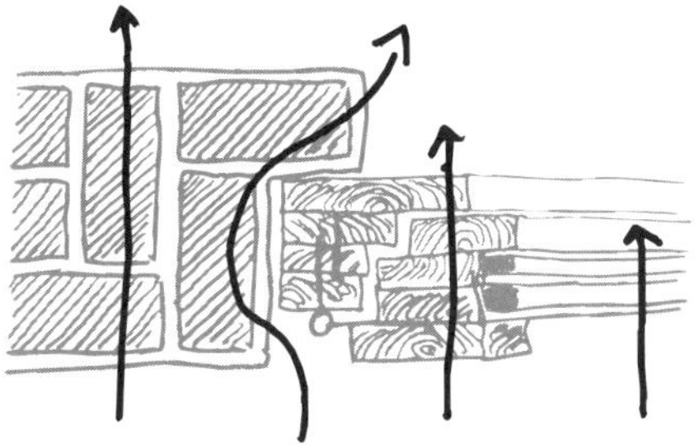

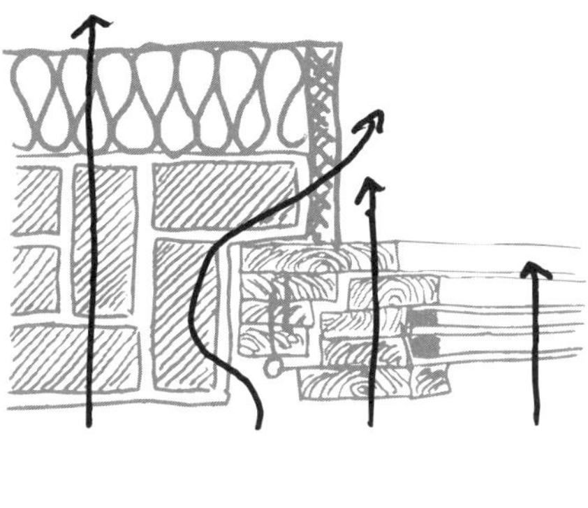

Flankendämmung

Eine Flanke ist eine seitliche Fläche. Bei einem Schiff ist es die seitliche Fläche des Rumpfes. Bei einem in das Freie auskragenden Bauteil sind es die Längsflächen entlang der Auskragungsrichtung. Solche Auskragungen oder in das freie laufenden Bauteile, die jedoch in die Gebäudehülle eingebunden sind, erzeugen kühlrippenähnliche große Oberflächen, die Energie an die Umgebung abgeben. Auch hier entstehen große Außenflächen, die kleineren Innenflächen gegenüberstehen. Die großen, kalten Flächen führen zu einer Beschleunigung des Energieflusses und somit zum Auskühlen des auskragenden Bauteils und der ihm verbundenen Anschlussbauteile. Daher produzieren derartig auskragende Bauteile konstruktive Wärmebrücken, die „entschärft" werden müssen.

Die einfachste und klassische Methode besteht darin, den Weg der Energie durch eine sogenannte Flankendämmung zu verlängern. Ohne viel nachzurechnen, gilt als Faustformel: Flanken von auskragenden Bauteilen sind 1 m tief zu dämmen. Ist das Bauteil länger, kann man nach 1 m dennoch mit der Dämmung aufhören. Ob und wie der Rest der Bauteillänge gedämmt wird, ist dann nur noch eine ästhetische Frage.

Flankendämmung kann auch mit fortschreitender Bauteiltiefe verjüngt werden. Da der Energiefluss entlang der gedämmten Bauteillänge bereits gebremst wird, ist es folglich nicht schlimm, wenn die Dämmung kontinuierlich dünner wird.

Dasselbe Prinzip lässt sich auch auf Laibungsbereiche anwenden. Auch hier sind kontinuierliche Reduzierungen der Dämmstärken entlang der Laibungstiefe möglich.

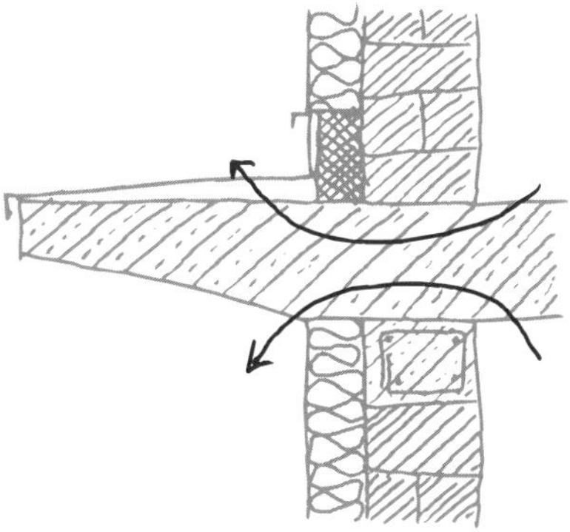

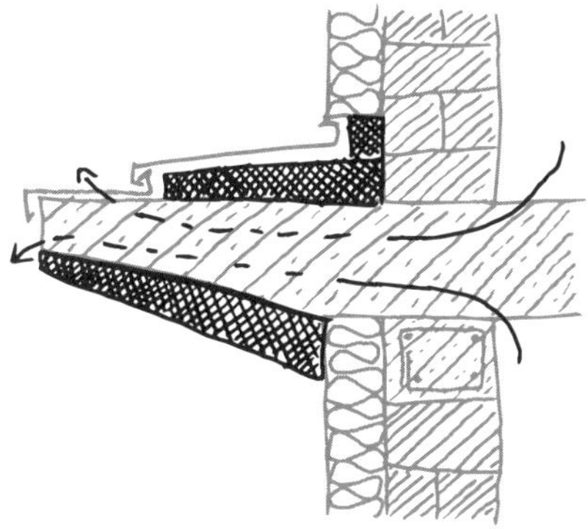

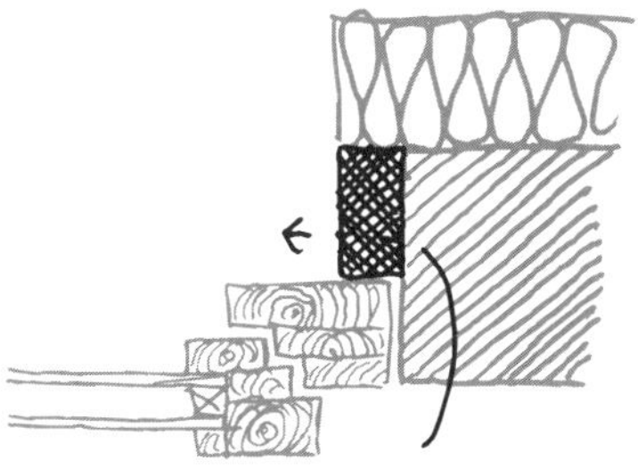

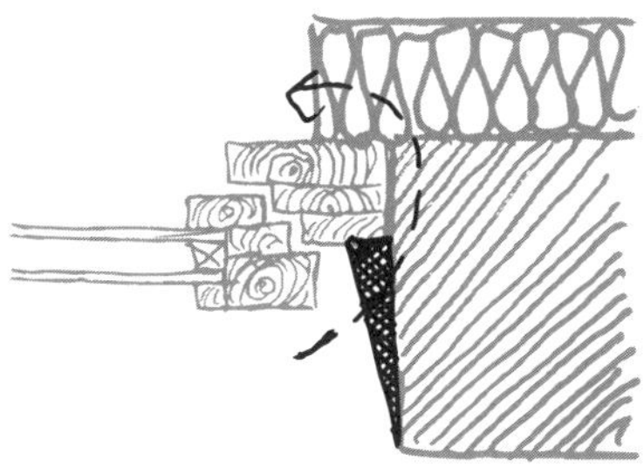

03

Bauteil-feuchte und Dampfdruck

Glaser-Verfahren

Bauteilfeuchte ist für die meisten Materialien und Konstruktionen eine große Gefahr. Sie kann zu strukturellen Schäden, Schimmel oder Frostschäden führen. Die Probleme haben sich mit der Entwicklung der Baustoffe, den immer komplexer gewordenen Aufbauten sowie den verschärften Anforderungen an die Dichtheit von Gebäuden verstärkt.

Um Bauteile hinsichtlich der Gefährdung durch Tauwasser zu prüfen, wenden wir das Verfahren nach DIN 4108 an. Dazu wird als Erstes mittels des Glaser-Diagramms, das diesem Nachweis seinen Namen gegeben hat, geprüft, ob überhaupt Tauwasser anfällt.

Fällt Wasser an, muss eine der drei Forderungen erfüllt sein:

— Das im Winter anfallende Tauwasser beschränkt sich auf max. 0,5 kg/m^2 Bauteiloberfläche.
oder
— Eines der in der Tauebene liegenden Bauteile ist saugend (kapillar aktiv) und das anfallende Tauwasser beschränkt sich auf max. 1,0 kg/m^2 Bauteiloberfläche.
oder
— Für Holzbauteile ist die Bauteildicke multipliziert mit der Bauteildichte des Holzwerkstoffs und einer maximalen Wasseraufnahme (0,05 für Massivholz und 0,03 für Holzwerkstoffe) kleiner als die zulässige Feuchte nach DIN 4108.

Am Ende muss nur noch ermittelt werden, ob die ausgerechnete Wassermenge in der Verdunstungsperiode auch wieder verdunsten kann.

Aus meiner Sicht reicht es, diese Kriterien qualitativ zu kennen. Da die Berechnungen Bestandteil eines jeden U-Wert-Rechners sind, müssen sie hier nicht tiefer behandelt werden.

BEISPIEL INNENDÄMMUNG

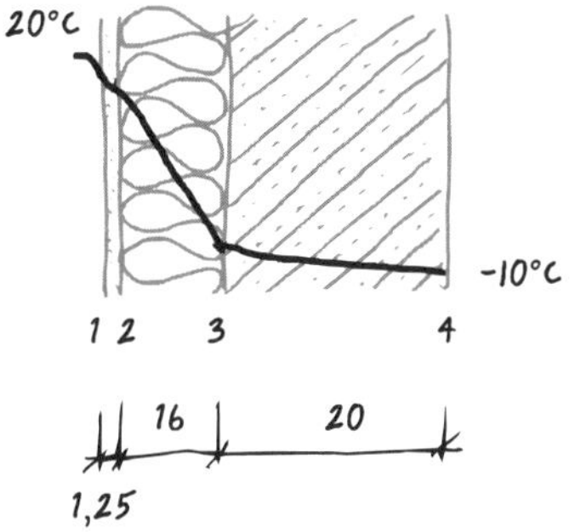

λ GK = 0,25 W/mK

λ MW = 0,04 W/mK

λ STB = 2,3 W/mK

$$U = \frac{1}{R_{SI} + \Sigma R + R_{SE}}$$

$$\left.\begin{aligned} R_{SI} &= 0{,}13 \\ R_{GK} &= \frac{0{,}125}{0{,}25} = 0{,}05 \\ R_{MW} &= \frac{0{,}16}{0{,}04} = 4 \\ R_{STB} &= \frac{0{,}20}{2{,}3} = 0{,}086 \\ R_{SE} &= 0{,}04 \end{aligned}\right\} \frac{1}{4{,}306} = \underline{\underline{0{,}232}}$$

$$\vartheta = 20°C - (R \cdot U \cdot \Delta T)$$

$$\vartheta_i = 20°C$$

$$\vartheta_1 = 20°C - (R_{SI} \cdot 0{,}232 \cdot 30°C) = 19{,}09\ °C$$

$$\vartheta_2 = 19{,}09°C - (R_{GK} \cdot 0{,}232 \cdot 30°C) = 18{,}74°C$$

$$\vartheta_3 = 18{,}74°C - (R_{MW} \cdot 0{,}232 \cdot 30°C) = -9{,}1°C$$

$$\vartheta_4 = -9{,}1°C - (R_{STB} \cdot 0{,}232 \cdot 30°C) = -9{,}69°C$$

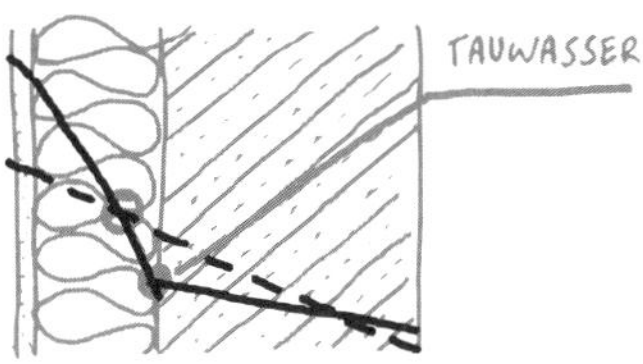

—— WASSERDAMPFSÄTTIGUNGSDRUCK

– – – WASSERDAMPFPARTIALDRUCK

$$P_{S1} = 288{,}680 \cdot \left(1{,}098 + \frac{20°C}{100}\right)^{8{,}02}$$

$$P_{S2} = 288{,}680 \cdot \left(1{,}098 + \frac{19{,}09°C}{100}\right)^{8{,}02}$$

$$P_{S3} = 288{,}680 \cdot \left(1{,}098 + \frac{18{,}74°C}{100}\right)^{8{,}02}$$

$$P_{S4} = 4{,}689 \cdot \left(1{,}098 + \frac{-9{,}1°C}{100}\right)^{12{,}3}$$

$$P_{S5} = 4{,}689 \cdot \left(1{,}098 + \frac{-9{,}69°C}{100}\right)^{12{,}3}$$

Diffusionsoffene Bauteile

Wasserdampf fällt in jedem Innenraum durch Nutzung, also durch seine Bewohner, an. Da Wasserdampf tendenziell immer warm ist, wird das Wasser zusammen mit der Wärme durch die Außenbauteile eines Gebäudes transportiert. Auf dem Weg durch die Bauteile von der warmen zur kalten Seite kühlt der Wasserdampf im Bauteil ab. Dabei erreicht er irgendwann die Temperatur, bei der er als Wasser in flüssiger Form ausfällt. Das Bauteil wird an dieser Stelle feucht.

Konstruieren wir dichte Bauteile, so gilt die grundsätzliche Regel, dass wir das Wasser gar nicht erst in das Bauteil hereinlassen dürfen. Dies führt in logischer Konsequenz zum Schichtenaufbau von Außenbauteilen. Wir können uns merken:

Innen dicht, außen dampfdiffusionsoffen.

Diese Konstruktion lässt Wasserdampf gar nicht erst eindringen, jedoch können dennoch durch geringfügige Undichtigkeiten eindringende Wassermengen gut nach außen abdampfen. Bauteile sollten also nach Möglichkeit nach außen dem Wasserdampf keinen nennenswerten Widerstand entgegenbringen.

Aktuell kommt der Holzmassivbau wieder stark in Mode. Hier verbauen wir Massivbauteile ohne Dichtung und müssen somit darauf achten, dass das Material an sich nicht zu viel Dampfdruckwiderstand aufbaut. Das Bauteil muss wirklich homogen konstruiert sein. Nur dann ist es vollständig dampfdiffusionsoffen. Solche Bausteile regulieren in der Regel ihre Feuchtigkeit sehr gut allein, ohne dass wir Dichtungsebenen einplanen müssen. An dieser Stelle versagt zumeist der Nachweis über das Glaser-Verfahren (s. voriges Kapitel).

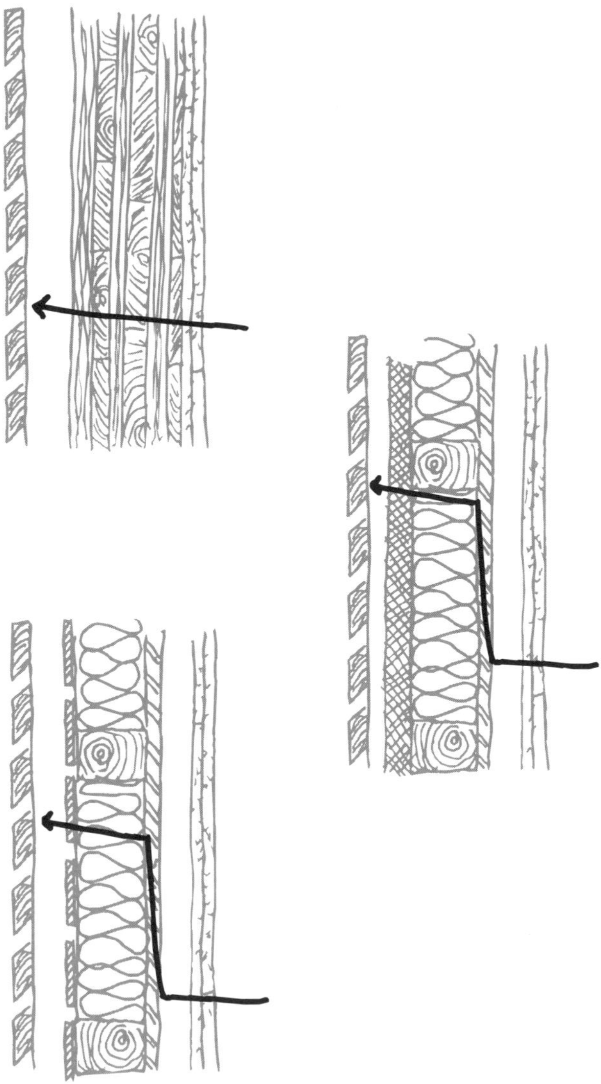

Taupunkt

Die relative Luftschicht gibt an, wie viel Wasser in der Luft im Verhältnis zur Aufnahmekapazität vorliegt. Sprich, beträgt beispielsweise die relative Luftfeuchte 60 %, ist die Luft zu 60 % mit Wasser gesättigt. Die Fähigkeit der Luft, Wasser aufzunehmen, ist abhängig von der Lufttemperatur. Je wärmer die Luft, desto mehr Wasser kann aufgenommen werden.

Wenn Luft bei 25° C ca. 15 g Wasser aufnehmen kann, dann sind diese 15 g Wasser 100 % der Aufnahmefähigkeit oder Sättigung. Hat die Luft bei dieser Temperatur nur 8 g Wasser aufgenommen, sind nur 55 % der Kapazität erreicht. Damit liegt eine relative Luftfeuchte von 55 % vor.

Dieselbe Luft kann jedoch bei 15° C nur 8 g Wasser aufnehmen. Damit führt dieselbe absolute Menge Wasser bei dieser Temperatur zur Ausnutzung der vollen Aufnahmefähigkeit, demnach also zur vollen Sättigung. Somit liegt hier eine relative Luftfeuchte von 100 % vor.

Werden die 100 % relative Luftfeuchte nun überschritten, kann die Luft das Wasser nicht mehr halten. Es fällt aus. In der Natur würde es dann regnen. Dieser Punkt wird Taupunkt genannt.

Wir können dies im Winter an einer kalten Glasscheibe beobachten. Die Luft wird an der Oberfläche abgekühlt, die relative Luftfeuchte steigt an und folglich beschlägt die Scheibe. Genau dasselbe passiert in Bauteilen. Wir reichern die Luft durch die Nutzung permanent mit Feuchtigkeit an. Es entsteht Wasserdampf, der aufgrund seiner Temperatur nach außen entweichen will. Dieser dringt in die Bauteile ein, wird in ihnen abgekühlt und das Wasser fällt aus. Dies kann zu Bauteilfeuchte führen, die wiederum die Wärmedämmeigenschaften reduziert und auch Schimmelbildung zur Folge kann.

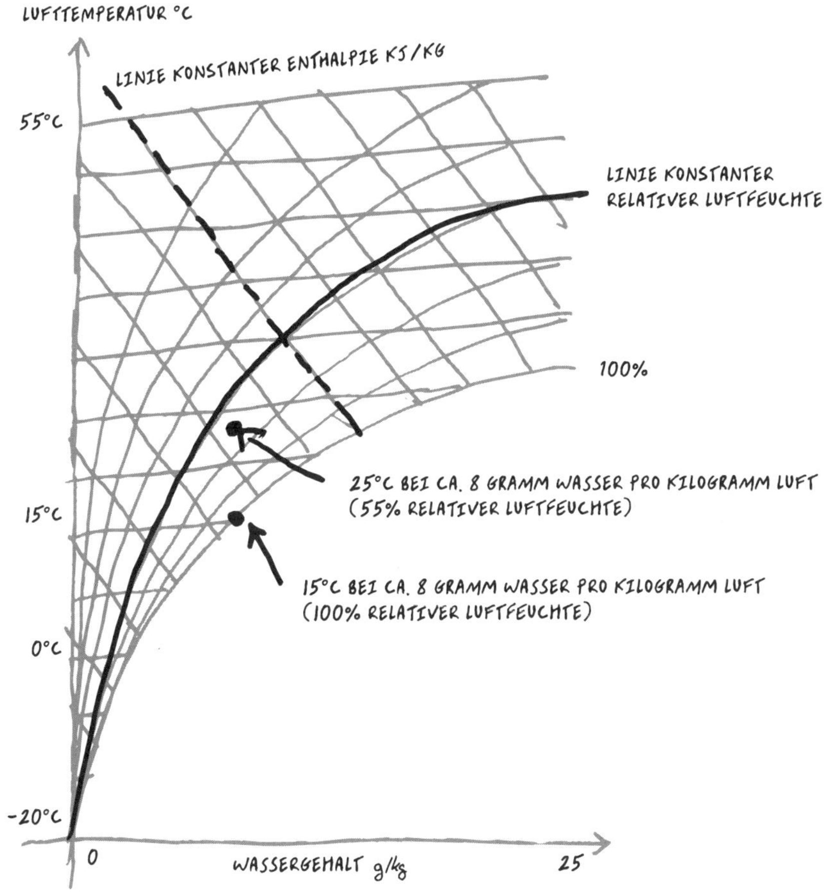

KÜHLT RAUMLUFT MIT RELATIVER LUFTFEUCHTE VON 55% AN EINEM BAUTEIL AUF UNTER 15°C AB, SO FÄLLT DAS WASSER AUS.

Dampfdruck Flachdach Massivbau

Ein sehr häufiger Bauschaden entsteht durch vorhandenen Wasserdampf auf oder in Flachdächern auf Betondecken. Die Annahme, dass Beton oder selbst WU-Beton (wasserundurchlässiger Beton) auch keinen Wasserdampf hindurchlässt, ist schlichtweg falsch. Durch einen WU-Beton diffundieren bis zu 4 cl Wasser am Tag je Quadratmeter Fläche, was einem Schnapsglas entspricht. Daher muss der Aufbau aus Dämmung und Abdichtung auf dem Dach vor diesem Wasserdampf geschützt werden.

Vergisst man eine Abdichtung direkt auf der Betondecke, so dringt während des Winters Wasserdampf in die Dämmung unterhalb der Abdichtung ein und fällt dort aus. Dieses Wasser verringert während des Winters die Wärmedämmleistung des Daches. Aber im Sommer wird dieses Wasser dann stark erhitzt und erneut zu Dampf. Dabei dehnt es sich aus. Es entsteht so Dampfdruck unter der Dichtung, der zu unschönen Beulen oder sogar zur Zerstörung der Dichtung führt.

Daher sind solche Dächer von unten, auf der Betonplatte, zu dichten. Und damit sich auch zwischen der untersten Abdichtung und der Platte kein Dampf sammelt, ist außerdem eine Dampfdruckausgleichsschicht herzustellen, die anfallenden Dampf an die Dachränder und ins Freie geleitet.

Es empfiehlt sich grundsätzlich, sich nicht nur auf die Dichtung zu verlassen. Undichtigkeiten können immer wieder durch die Verarbeitung oder im Alterungsprozess auftreten. Eine Ableitung von Wasserdampf aus Bauteilen ist deshalb immer vorzusehen.

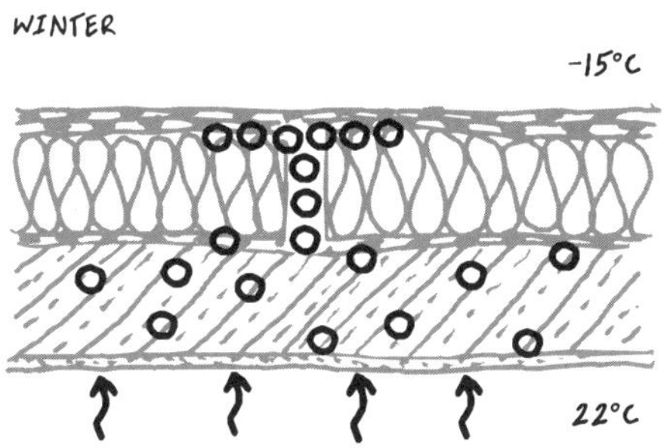
WINTER
-15°C
22°C

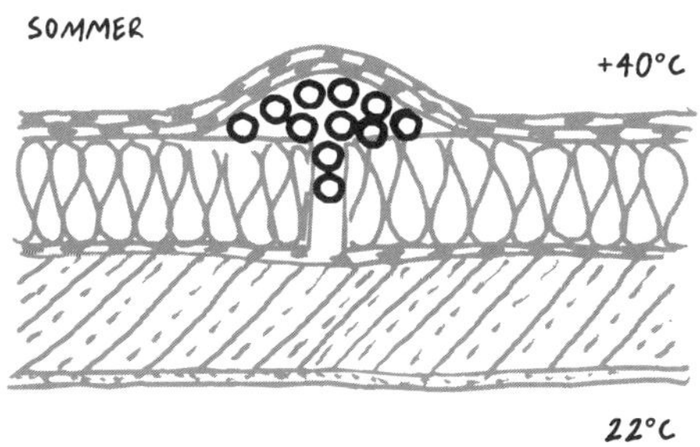
SOMMER
+40°C
22°C

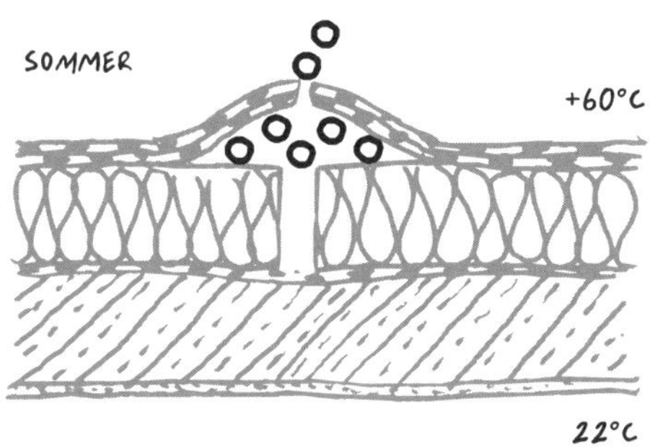
SOMMER
+60°C
22°C

Dampfdruck Flachdach Holzbau

Dächer in klassischer Holzbauweise, aus Balken mit ausgedämmten Zwischenräumen, oder Sparrendächer bieten dem Wasserdampf keinen nennenswerten Widerstand. Daher werden diese Konstruktionen in der Regel auf der Bauteilinnenseite abgedichtet, um tragende Bauteile sowie die Wärmedämmung vor Feuchtigkeit zu schützen. Diese Dichtungslagen sind aber niemals vollständig dampfdicht. Folien werden überlappend gestoßen und mit Klebebändern verbunden. OSB-Platten gelten als dampfdicht, sind es aber auch nicht zu 100 %. Daher müssen solche Konstruktionen immer nach außen dampfdiffusionsoffen geplant und hergestellt werden.

Eindringender Wasserdampf wird im Winter an der Außenseite der Wärmedämmung kondensieren. Die Menge wird zwar durch die innere Abdichtung so gering gehalten, dass sie unproblematisch ist, muss aber im Sommer wieder abtrocknen. Kann die Feuchtigkeit nicht in Form von Dampf entweichen, wird sich das Wasser im Bauteil über die Jahre akkumulieren und es am Ende zerstören.

Um das Wasser im Sommer abtrocknen zu lassen, benötigt man ausreichend starke Luftschichten zwischen der Wärmedämmung und der äußeren Abdichtung. Außerdem müssen Orte geplant werden, an denen der Wasserdampf das Bauteil auch verlassen kann. Hierzu kann man Randfugen oder Dachentlüfter auf der Fläche einplanen.

Dieses Prinzip gilt im Wesentlichen unverändert für die Holzständerwand.

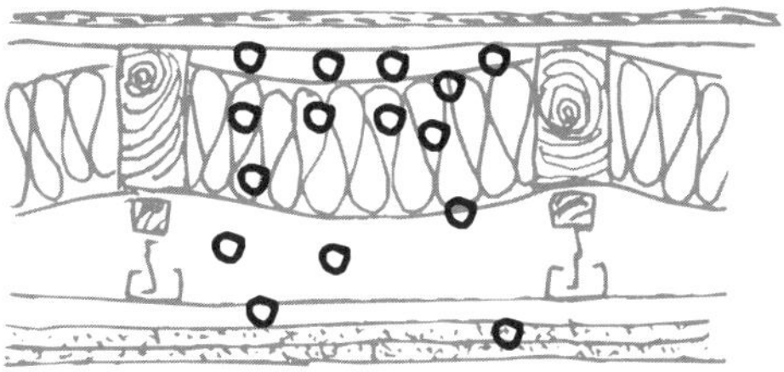

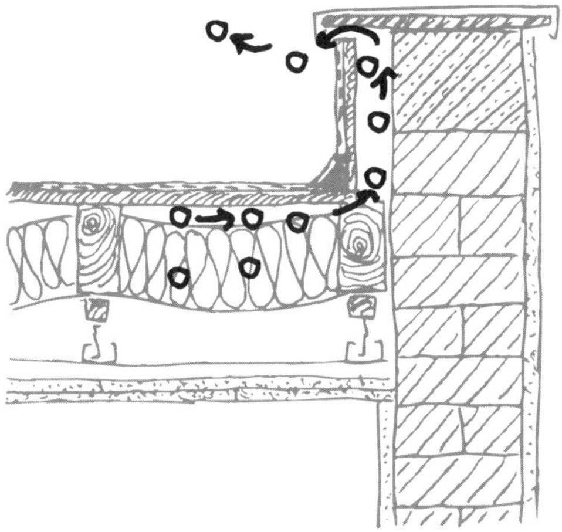

Sorption

Die Sorption beschreibt das Ein- und Auslagern von Dampfmolekülen in Baustoffen bzw. wird Wasser in den Poren der Wände angelagert. Dampfmoleküle haben einen Durchmesser von ungefähr 0,3 mm. Damit sind sie recht klein – genau genommen so klein, dass sie in jede Pore eines Baustoffes passen.

Antrieb der Bewegung von Wasserdampf ist die ständig vorhandene Wärmebewegung. Wasserdampf ist warm. Daher wandert er im Winter auf die kalte Außenseite des Bauteils. Bei diesem Transport durch das Bauteil kann sich der Dampf in den Poren anlagern. Diese Aufnahme von Wasserdampf nennt man Adsorption.

Gibt das Bauteil den Wasserdampf wieder ab, etwa weil die Umgebung trocknet, so nennt man das Desorption.

Diese beiden Prozesse laufen wie in einer Pendelbewegung ab. Es wird Wasserdampf aufgenommen und später wieder abgegeben. Das geschieht vergleichsmäßig langsam, jedoch schnell genug, um die Luftfeuchte im Innenraum über die Bauteile regulieren zu können.

Bauteile mit vielen kleinen Poren, wie Holz und Lehm, nehmen mehr Wasser auf als Bauteile mit wenigen großen Poren, wie Beton und Mauerwerk. Holz oder Lehm sind daher sehr viel besser geeignet, Feuchtigkeitsschwankungen auszugleichen als Beton oder Mauerwerk.

Dies ist einer der Hauptgründe, warum das Bauen in Holz und Lehm für besonders angenehmes Innenraumklima sorgt.

ADSORPTION

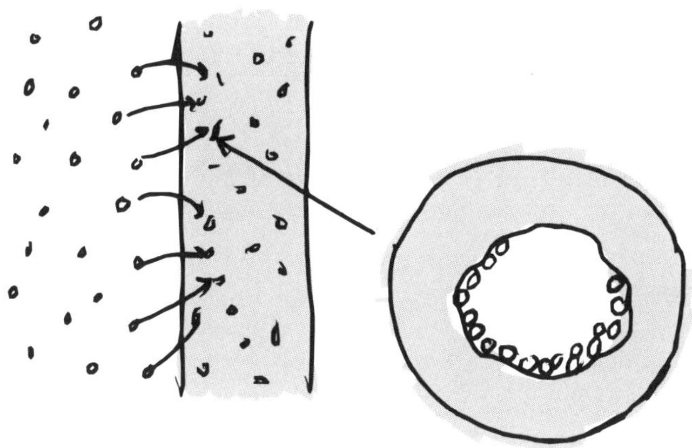

DESORPTION

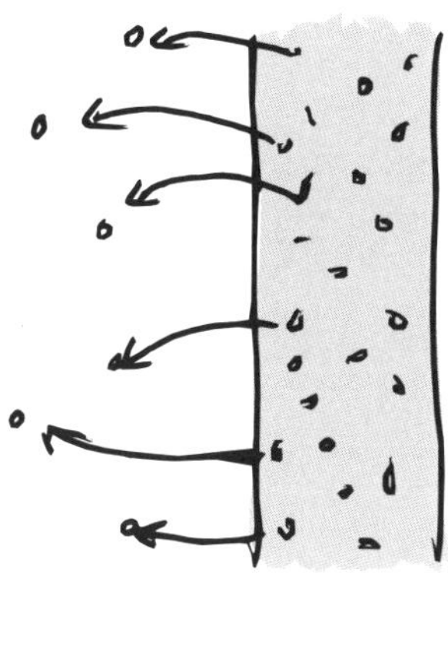

Mauerwerk

Das Mauern mit massivem Mauerwerk ist schon länger aus der Mode gekommen. Hauptantrieb könnte die ökonomische Betrachtung des Bauens sein. Aber auch die Ressourcenfrage ist nicht außer Acht zu lassen. Um Mindestwärmeschutz zu erreichen, haben massive Mauerwerkswände einiges an Materialstärke aufzubieten. Lassen wir die industriellen porösen Bauprodukte einmal außen vor und betrachten massives Mauerwerk aus Lehmsteinen, Kalksandstein oder Ziegelmauerwerk, so benötigt man, um U-Werte um die 0,35 zu erreichen:

- Vollklinker: 2 500 mm, also 2,5 m
- Vollziegel: 1 500 bis 2 500 mm, also 1,5 bis 2,0 m
- Hochlochziegel: 650 bis 1 000 mm, also 65 cm bis 1 m
- Kalksandstein: 1 500 bis 3 500 mm, also 1,5 bis 3,5 m
- Lehmstein: 1 500 mm, also 1,5 m

Vorteile massiver Mauerwerkswände sind:

- thermische Massenträgheit des Gebäudes
- gutes Innenraumklima
- wenig anfällig für Tauwasser oder Schimmelbildung
- hohe Kreislauffähigkeit

Es ist nicht zu erwarten, dass der massive ungedämmte Mauerwerksbau in das Bauwesen zurückkehrt. Darum hat die Industrie alternative Mauersteine aus Porenmaterialien entwickelt, die ebenfalls eine zusätzliche Wärmedämmung vermeiden sollen.

VOLLKLINKERWAND

VOLLZIEGELWAND

HOCHLOCHZIEGELWAND

KALKSANDSTEINWAND

LEHMSTEINWAND

PORENSTEINWAND

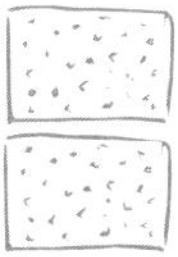

GEDÄMMTE WAND

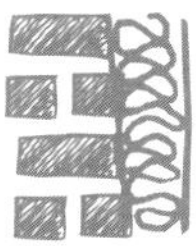

Materialmix

Die jüngere Phase im Bauwesen war geprägt von Innovationen im Bereich der Hochleistungsmaterialien und Materialverbunde. Es wurde versucht, dünner und leichter zu bauen. Wenn aber die Schichten dünner werden, müssen deren Wärmedurchlasswiderstände entsprechend zunehmen. Fensteranschlüsse wurden immer dichter, die Bauteilaufbauten komplexer und damit anfälliger für Ausführungsfehler. Die dünneren Bauteile wurden, um Dämmungen zu schützen, ebenfalls immer dichter ausgeführt. Dies führte in ihnen zu immer stärkeren Dampfdrücken. Dünnere Dämmungen verursachen außerdem ein stärkeres Temperaturgefälle innerhalb der Bauteile, was die Taupunkte immer weiter in die Teile und damit an kritische Stellen verlagert.

Das komplexe Bauen mit diesen Materialien schafft neue Herausforderungen. Die Anzahl der Planungs- und Bauschäden ist enorm gewachsen. Spezialisten wie Bauphysiker oder Fassadenplaner müssen immer häufiger in den Planungsprozess einbezogen werden. Das Angebot an Abdichtungsfolien und -bändern in den unterschiedlichsten Ausführungen ist kaum überschaubar.

Im Grunde folgt aber jedes mehrschichtige Außenbauteil, also jede Außenwand oder jedes Dach, demselben Prinzip – wie im Kapitel „Diffusionsoffene Bauteile", S. 54, schon erwähnt:

Innen dicht, außen dampfdiffusionsoffen.

Beherzigt man diesen Grundsatz, wird das Bauteil zumindest mit hoher Wahrscheinlichkeit nicht ernsthaft durch Wasserdampf beschädigt werden.

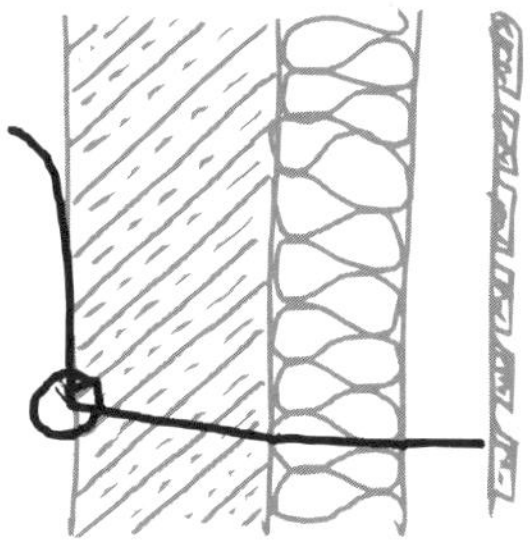

FEUCHTE RAUM SEITIG UNPROBLEMATISCH, TROCKNET AB

STAHLBETON
WÄRMEDÄMMUNG
LUFTSCHICHT
HOLZVERSCHALUNG

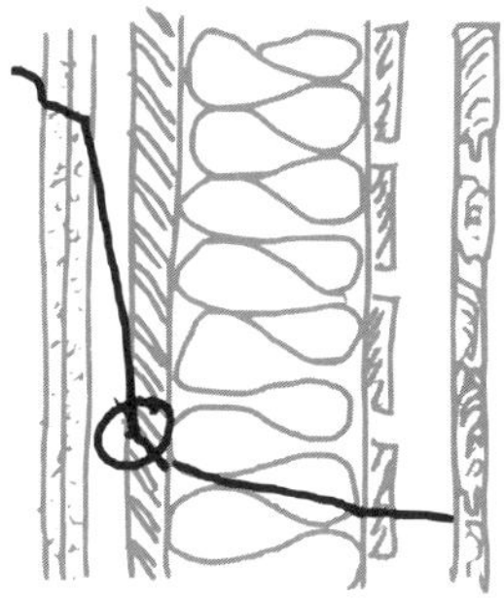

FEUCHTE RAUM SEITIG UNPROBLEMATISCH, TROCKNET AB

GIPSKARTON
LUFTSCHICHT
OSB3
WÄRMEDÄMMUNG/HOLZSTÄNDER
SPARSCHALUNG
LUCHTSCHICHT
HOLZVERSCHALUNG

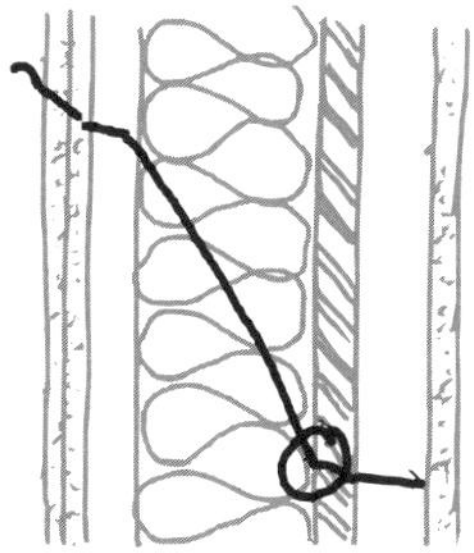

FEUCHTE AUSSEN IN DER WÄRMEDÄMMUNG KANN NICHT ABTROCKNEN, DA OSB ZU DICHT, BAUSCHADEN ZU ERWARTEN

GIPSKARTON
LUFTSCHICHT
WÄRMEDÄMMUNG/HOLZSTÄNDER
OSB3
LUCHTSCHICHT
PUTZTRÄGERPLATTE

Algen

Algen auf Fassaden fallen durch grüne oder schwarze Verfärbungen negativ auf. Sie bilden sich vermehrt auf Oberflächen, die stark verschattet werden. Prädestiniert dafür ist demnach die Nordfassade – besonders wenn die Oberflächen durch Wärmedämmung vom Energiefluss von innen abgeschnitten sind. Das liegt daran, dass diese Bauteile im Laufe des Tages wenig bis gar nicht von der Sonne ausgetrocknet und erwärmt werden.

Der Hintergrund ist einfach erklärt: Diese Flächen haben besonders in den Übergangsjahreszeiten etwas kühlere Oberflächentemperaturen, da ihnen ein Wärmeeintrag durch die Sonne fehlt. Gleichzeitig fällt auf ihnen in den frühen Stunden häufig Tauwasser aus Nebel an. Sie sind also kühl und feucht, trocknen nur sehr langsam ab und bieten somit den Algen das perfekte Klima, um zu gedeihen. Sie mögen dabei die kunstharzveredelten Putze und Farben besonders gern.

Oft bilden sich bei solchen Fassadenflächen Muster aus Kreisen, auf denen der Algenbewuchs fehlt. Diese entstehen immer genau an den Stellen, an denen sich die Befestigungsanker des Wärmedämmverbundsystems befinden. Das Phänomen taucht immer dann auf, wenn der Ankerteller, der die Wärmedämmung an die Fassade presst, nicht zusätzlich überdämmt wurde. Der Stahlanker dient hierbei als Wärmebrücke und transportiert Wärmeenergie von der warmen tragenden Wand nach außen zum Teller, womit auch der Putz über dem Teller eine höhere Temperatur hat als der umgebene Putz. Oft reichen schon ein paar Grad, dass die runden Bereiche schneller abtrocknen und den Algen kein geeignetes Milieu mehr bieten.

Heute finden wir diese Muster kaum noch auf Fassaden, da die Teller besser vom Anker entkoppelt und stärker überdämmt werden. Den Algen auf der Fläche begegnen die Baufirmen mit Fungiziden in der Fassadenfarbe. Eine zweifelhafte Lösung, da diese über die Jahre ausgewaschen und in den Boden gespült werden.

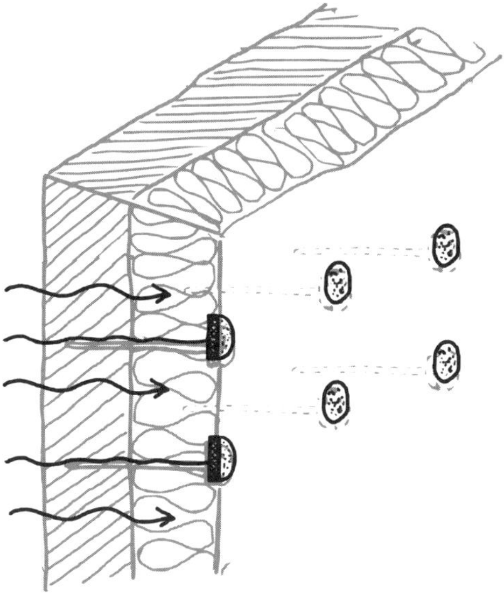

Schimmel

Schimmel bildet sich, wenn das passende Milieu angeboten wird. Die Schimmelsporen sind allgegenwärtig: Keine Räume sind frei davon. Die Frage ist nur, ob diese einen Platz finden, wo sie sich wohlfühlen und vermehren können.

Da Schimmel ganz bestimmte Rahmenbedingungen braucht, um zu wachsen, ist er gleichzeitig ein Indikator für:

- hohe Luftfeuchtigkeit im Gebäude oder Raum
- niedrige Temperaturen der Bauteiloberflächen
- geringen Luftaustausch

Zum einen mag es Schimmel eher etwas kälter. Oberflächentemperaturen von 12 bis 14° C findet er angenehm. Zum anderen bevorzugt er ein feuchtes Milieu. Da ist es natürlich ideal, dass bei 20° C Raumtemperatur an den Bauteilen eine übliche relative Luftfeuchte von 40 bis 60 % bei zirka 14 bis 15° C ausfällt. Unterstützt wird Schimmelbildung, indem man besonders viel Nahrung anbietet, zum Beispiel in Form von Tapetenkleister.

Nun versteht vielleicht der eine oder andere, warum gerade die Innenseiten von Wärmebrücken, wie Raumecken, Fensterlaibungen und Deckeneinbindungen, so gern schimmeln. Wärmebrücken kühlen auf der Innenseite immer stärker ab als der Rest der Außenbauteile. Der erhöhte Energiefluss an diesen Stellen führt auch zu einem größeren Durchgang von Wasserdampf. Kühlt der Bereich auf 14° C ab, fällt das Wasser aus und das Biotop ist geboren.

Dem Schimmel begegnet man nicht, wie es einige Hausverwaltungen gern tun, mit Fungiziden und neuem Anstrich. Grundsätzlich ist die Ursache zu bekämpfen. Die Wärmebrücke ist zu verbessern, die relative Luftfeuchte zu senken. Und beides ist durch bauliche Maßnahmen, nicht durch Bewohnerverhalten zu erreichen. Die Luftfeuchte reduziert man durch gezielte Zwangslüftung und die Wärmebrücke ist geeignet zu dämmen.

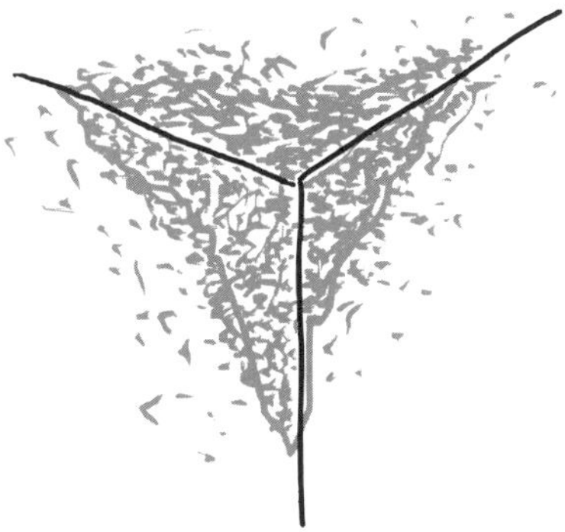

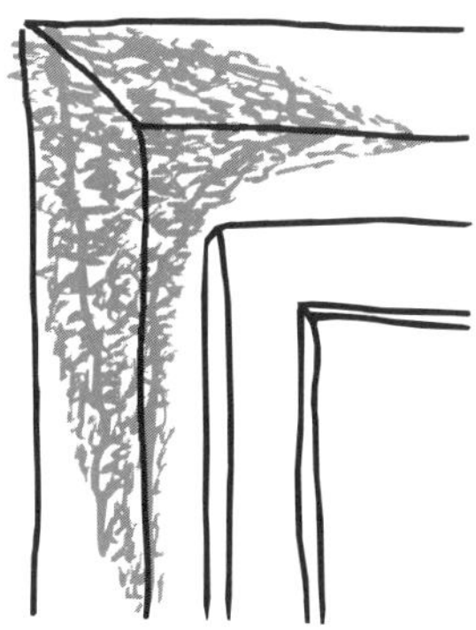

Schwamm

Der Schwamm ist wie der Schimmel ein Pilz. Der Unterschied liegt in der Aggression. Während es sich bei Schimmel zumeist um den oberflächigen Pilzbefall eines Bauteils handelt, zerstört der Schwamm die Bauteile substanziell.

Damit stellt der Schwamm – als bekanntester unter ihnen der Hausschwamm – eine Gefahr für das Gebäude selbst dar. Er benötigt zum Wachsen organische Substanzen, vorzugsweise Holz, das er bei seinem Wachstum zerstört. Befallene Bereiche werden weiträumig herausgetrennt und entfernt. Handelt es sich dabei um tragende Bauteile, müssen sie in der Regel ersetzt werden.

Der Schwamm benötigt ebenfalls ein feuchtes Milieu. Er bevorzugt 35 bis 60 % Holzfeuchte. Er mag es aber auch gern etwas wärmer als andere Pilze und fühlt sich wohl bei 18 bis 22° C.

Besonders unangenehm ist, das der Schwamm auch in Materialien, die er nicht verarbeitet, sein Mycel bilden kann und so in der Lage ist, bis zum nächsten organischen Bauteil auch durch Mauerwerk oder Schüttungen hindurch größere Strecken zu überwinden. Daher müssen solche Bereiche, wenn sich in ihnen Mycel gebildet hat, ebenfalls ausgetauscht werden. Schüttungen, Mauerwerk etc., alles, was sich zwischen zwei Fruchtkörpern befindet, gilt dabei als befallen.

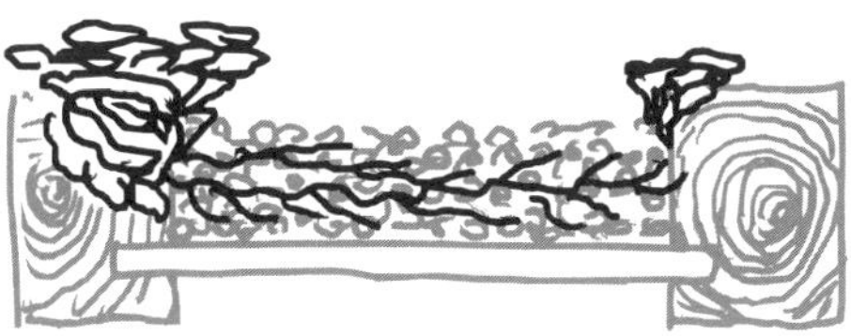

04

Glas und Strahlung

Sonneneinstrahlung auf Körper

Da die Sonne ihre Wärmeenergie ausschließlich als Strahlung an die Erde abgibt, kann Sonnenstrahlung grundsätzlich nicht die Luft erwärmen. Erwärmt werden ausschließlich Festkörper, auf denen Sonnenstrahlung auftrifft. Die Körper geben dann, wenn sie ausreichend erwärmt wurden, die Wärme an die sie umgebende Luft ab.

Genau dasselbe passiert, wenn Sonnenstrahlung durch Fenster in das Gebäude fällt. Die Strahlung durchquert das Glas, trifft im Innenraum auf Bauteile oder andere Objekte und erwärmt diese. Je nach Reflexionsgrad der Oberflächen werden diese Sonnenstrahlen von den Bauteilen wegreflektiert und erwärmen dann andere Bauteile in der Umgebung. Die Teile werden vom nicht reflektierten Anteil der Strahlung erwärmt. Also wird die Energie der Sonnenstrahlung von den Bauteilen aufgenommen. Werden diese nun wärmer als ihre Umgebung, geben sie wiederum die Energie an andere Objekte oder Oberflächen ab. Dies geschieht in Form von Strahlung, Transmission und Kontaktübertragung.

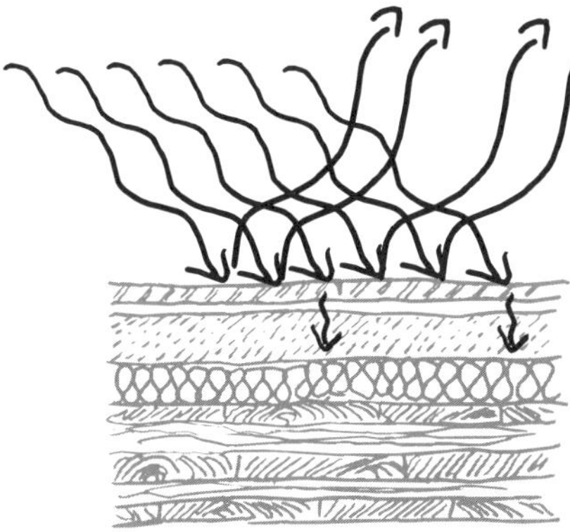

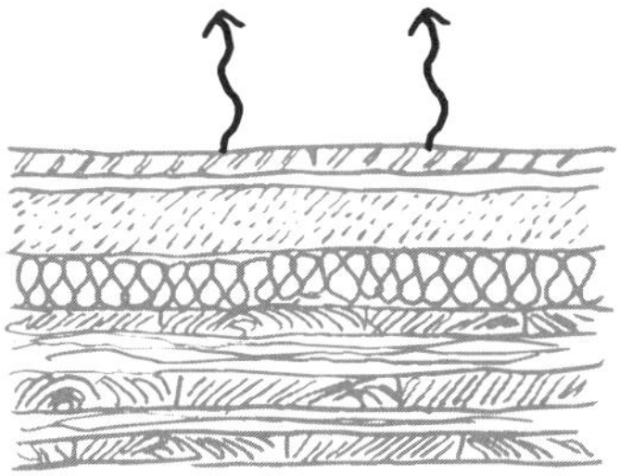

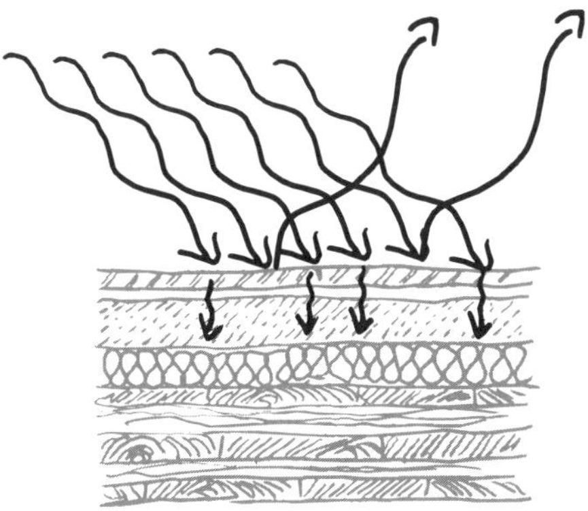

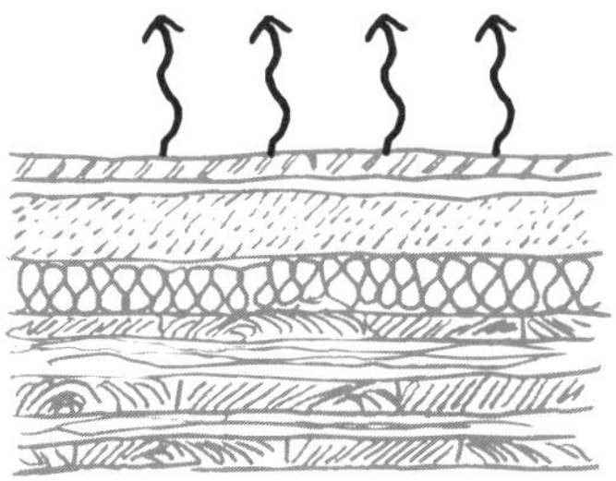

Wellenlängen

Jede Strahlung hat eine Wellenlänge. Die Wellenlänge beschreibt den räumlichen Abstand zweier Amplituden einer Welle.

Wellen werden alternativ auch mit Frequenz beschrieben. Die Frequenz bezeichnet den zeitlichen Abstand der Amplituden bzw. zwischen Punkten gleicher Amplitude.

Im Grunde sind beide Größen äquivalent. Die Welle einer bestimmten Wellenlänge hat eine passende Frequenz. Die beiden Werte werden jedoch für die Beschreibung verschiedener physikalischer Eigenschaften benötigt.

In unserem Fall interessieren uns die Eigenschaften der Strahlungsenergie, wenn sie reflektiert oder absorbiert wird. Diese Ereignisse werden zumeist in Abhängigkeit von der Wellenlänge beschrieben.

Ob eine Strahlung ein Medium durchdringen kann, hängt in der physikalischen Beschreibung von der Wellenlänge ab.

Wenn eine Energiestrahlung reflektiert oder gebeugt wird, ändert sich in der physikalischen Beschreibung auch die Wellenlänge.

Wenn Sonnenenergie durch eine Glasscheibe fällt, so leistet das Medium Glas einen „Widerstand" in Form von Reflexion und Absorption eines Teils der Strahlung. Das Glas wird sich erwärmen und einen Teil der Energie an seine Umgebung reflektieren. Dies wiederum ist abhängig von der Wellenlänge und erklärt, warum manche Strahlen durch das Glas kommen und andere nicht.

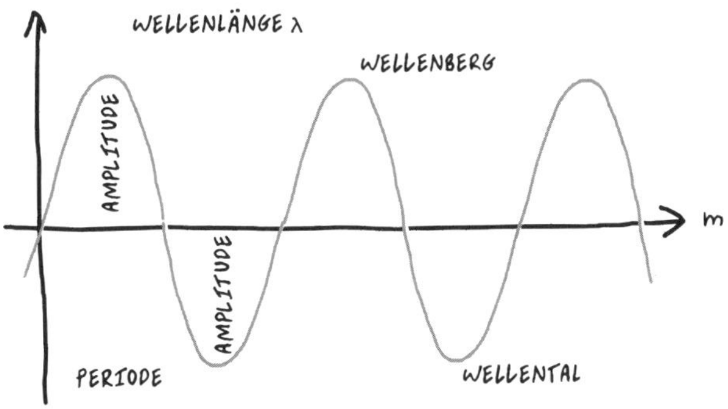

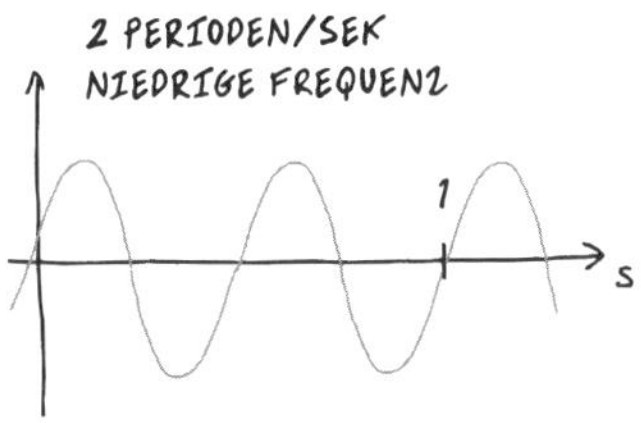

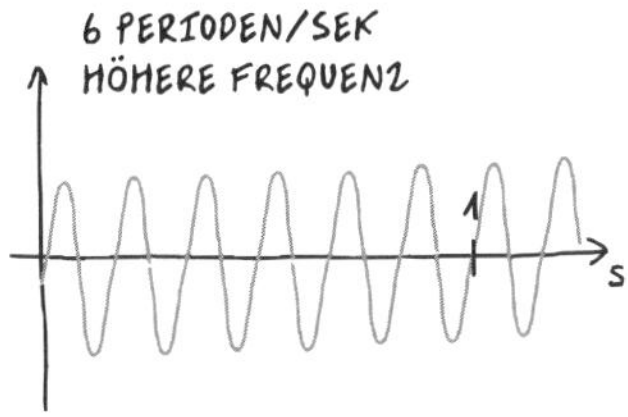

$$\text{WELLENLÄNGE } \lambda \text{ (m)} = \frac{\text{PHASENGESCHWINDIGKEIT C (m/s)}}{\text{FREQUENZ F (Hz = 1/s)}}$$

$$\text{FREQUENZ F (Hz = 1/s)} = \frac{\text{PHASENGESCHWINDIGKEIT C (m/s)}}{\text{WELLENLÄNGE } \lambda \text{ (m)}}$$

PHASENGESCHWINDIGKEIT C = SCHALLGESCHWINDIGKEIT = 343 m/s

= LICHTGESCHWINDIGKEIT = 299 792 458 m/s

Energiedurchlassgrad

Gläser oder allgemeiner transparente Bauteile lassen die Sonnenenergie direkt in das Innere eines Gebäudes. Dies nennt man Energiedurchlass. Wobei der Anteil an Energie, der hindurchgelassen wird, also das Maß in Prozent, der Energiedurchlassgrad ist. Dieser ist für jedes Glas verschieden und hängt im Wesentlichen von zwei Eigenschaften ab:

Reflexionsvermögen des Glases
So wie Glas Licht reflektieren kann, kann es auch Sonnenenergie reflektieren. Dabei erhalten die Gläser, die wir in unseren Gebäuden verbauen, ihre verschiedenen Reflexionsvermögen durch Oberflächenbehandlungen. In der Regel werden die Gläser zur Verstärkung der Reflexion mit Metallen bedampft, die wie bei einem Spiegel die Reflexion erhöhen.

Absorptionsvermögen des Glases
Gläser können auch Sonnenenergie absorbieren. Dabei erwärmt sich das Glas im Laufe des Tages und strahlt diese Wärme im Idealfall nachts wieder an die Umgebung ab. Um die Absorption eines Glases zu erhöhen, wird es in der Regel getönt. Wir kennen blaue, grüne oder sogar orangefarbene bis braune Gläser an Gebäudefassaden.

Der Energiedurchlassgrad einer einfachen unbehandelten Glasscheibe liegt ungefähr bei 90 % ($g=0,9$). Ab einem Energiedurchlassgrad von 40 % und kleiner sprechen wir von einem Sonnenschutzglas ($g \leq 0,4$).

Durch entsprechende technische Behandlung lässt sich der Energiedurchlassgrad ohne Weiteres auf 30 % reduzieren. Und sogar dieser Wert lässt sich noch unterschreiten.

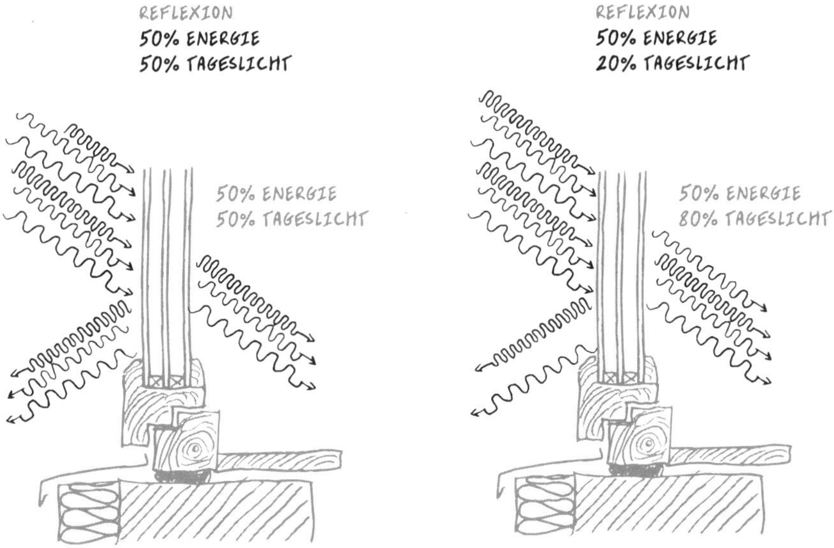
REFLEXION
50% ENERGIE
50% TAGESLICHT
50% ENERGIE
50% TAGESLICHT
REFLEXION
50% ENERGIE
20% TAGESLICHT
50% ENERGIE
80% TAGESLICHT

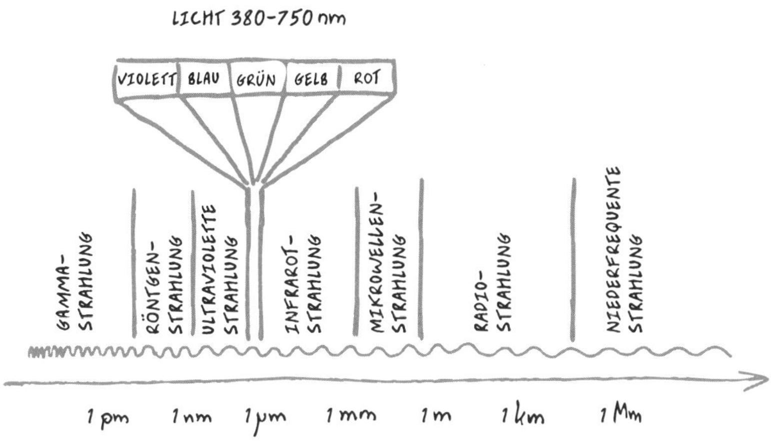
LICHT 380–750 nm
VIOLETT
BLAU
GRÜN
GELB
ROT
GAMMA-STRAHLUNG
RÖNTGEN-STRAHLUNG
ULTRAVIOLETTE STRAHLUNG
INFRAROT-STRAHLUNG
MIKROWELLEN-STRAHLUNG
RADIO-STRAHLUNG
NIEDERFREQUENTE STRAHLUNG
1 pm
1 nm
1 μm
1 mm
1 m
1 km
1 Mm

Absorption

Wenn Sonnenlicht, oder Sonnenenergie, auf ein Fenster fällt, wird ein Teil der Energie vom Glas aufgenommen. Das Glas wird sich erwärmen. Da ein Teil der Strahlungsenergie in Wärme umgewandelt wird, reduziert sich die Strahlungsenergie beim Durchgang durch das Glas. Wäre also 100 % Sonnenenergie durch die Glasscheibe hindurchgegangen und wären dabei 10 % der Energie im Glas in Wärme umgewandelt worden, so würden auf der anderen Seite nur 90 % der Strahlungsenergie ankommen.

Die Absorption von Sonnenenergie kann durch entsprechendes Einfärben von Gläsern noch verstärkt werden. Der Effekt, den man auch von Sonnenbrillen kennt, findet seine Anwendung in Sonnenschutzglas. Die Einfärbung der Gläser führt dazu, dass das Glas sich stärker erwärmt. Die Wärme wird dann zu den Seiten in den Rahmen abgeleitet oder abends an die Umgebung abgegeben.

Das Problem mit Absorptionsgläsern dieser Art ist, dass sich Glas, wie jedes andere Material, ausdehnt, wenn es erwärmt wird. Sind die Scheiben sehr groß, können diese Ausdehnungen relevant werden. Es können Zwängungen in den Rahmen oder den Befestigungselementen entstehen.

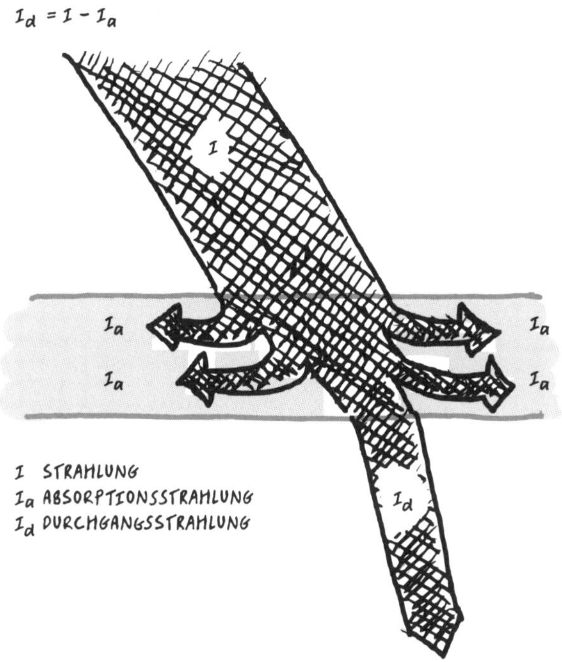

$I_d = I - I_a$
I
I_d
I_a
I_a
I_a
I_a
I STRAHLUNG
I_a ABSORPTIONSSTRAHLUNG
I_d DURCHGANGSSTRAHLUNG

Reflexion

Relexions- oder Sonnenschutzgläser, die die Energiestrahlung reflektieren, statt diese aufzunehmen, haben den entscheidenden Vorteil, dass sie sich selbst weniger erwärmen.

Derartige Gläser werden in der Regel mit reflektierenden Materialien beschichtet oder bedampft – zumeist handelt es sich dabei um Metalle.
Es entstehen quasi Einwegspiegel. Jeder kennt solche Scheiben aus Kriminalfilmen: Spiegel, die auf der Seite des hell erleuchteten Verhörraums als solche wirken, jedoch von der anderen, dunkleren Seite des Nebenraums her durchsichtig sind.

Genau in dieser Eigenschaft liegt aber auch der Nachteil dieser Reflexionsgläser. Denn der Spiegeleffekt dreht sich abends um. Wenn es draußen dunkel wird und man drinnen das Licht anschaltet, lässt sich auf einmal von außen gut hineinsehen, aber von innen nicht mehr hinaus.

Die Reflexion von Energie und Sonnenlicht hat noch einen weiteren negativen Einfluss auf die Umgebung der Gebäude: Da sie im Straßenraum sehr stark ist, kommt es hier zu Blendeffekten.

Gestalterisch ist der Einsatz von spiegelnden Sonnschutzgläsern genau zu durchdenken. Zum einen verlieren die Glasflächen erheblich an Transparenz; zum anderen können manche Metallbedampfungen durch Farbe und Verhalten architektonische Ideen beeinflussen.

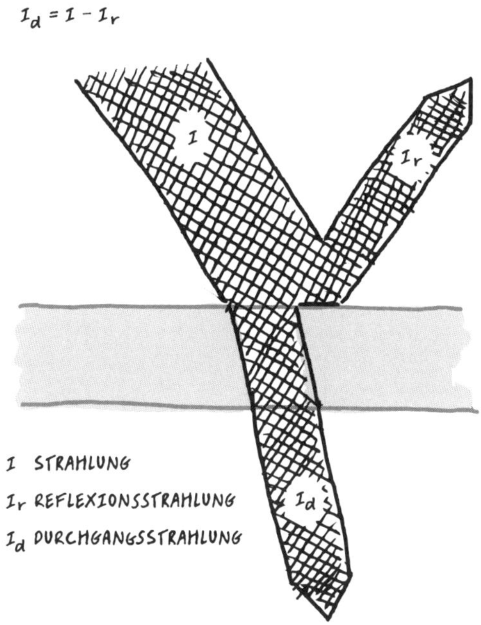
$I_d = I - I_r$
I
I_r
I_d
I STRAHLUNG
I_r REFLEXIONSSTRAHLUNG
I_d DURCHGANGSSTRAHLUNG

Tageslichtdurchlassgrad

Der Tageslichtdurchlassgrad ist die dritte physikalische Eigenschaft von Gläsern. Auch wenn das sichtbare Licht andere Wellenlängen aufweist als die ultraviolette Strahlung oder Infrarotstrahlung, können Hersteller von Sonnenschutzgläsern Wellenlängen noch immer nicht so exakt filtern oder reflektieren, dass nicht auch Tageslicht mit abgemindert wird. Die Gläser und Folien sind zwar besser geworden, aber Energie aussperren bedeutet nach wie vor auch, Tageslicht auszusperren.

Die Eigenschaft, Tageslicht hindurchzulassen, wird mit dem Tageslichtdurchlassgrad TL beschrieben. TL gibt genau wie der Energiedurchlassgrad g den prozentualen Anteil des Lichts an, der hindurchgelassen wird. Da Menschen Licht im Innenraum zumeist wünschenswert finden, ist ein großer Wert für TL anzustreben. Dabei bedeutet 1, dass Tageslicht zu 100 % durch das Glas fällt, und etwa 0,5, dass nur 50 % des Tageslichts im Innenraum ankommen.

Der Tageslichtdurchlassgrad einer einfachen Glasscheibe beträgt ungefähr 0,9. Sprich, mit jeder unbehandelten Glasscheibe, die wir in ein Fenster einbauen, sperren wir 10 % des Tageslichts aus. Eine Dreifachverglasung hat also bestenfalls noch einen Tageslichtdurchlassgrad von 0,7.

Der Tageslichtdurchlassgrad wird schlechter, je effizienter die Sonnenschutzwirkung der Gläser ist. Zwar werden die Gläser immer besser, aber von folgenden Paaren kann man im Standard zunächst ausgehen:

- 1-fach-Verglasung g=0,9 / TL=0,9
- 2-fach-Verglasung g=0,8 / TL=0,8
- 2-fach-Wärmeschutzverglasung g=0,7–05 / TL=0,7–0,55
- 2-fach-Sonnenschutzverglasung g=0,4–0,2 / TL=0,5–0,3
- 3-fach-Wärmeschutzverglasung g=0,6–0,4 / TL=0,6–0,3
- 3-fach-Sonnenschutzverglasung g=0,4–0,15 / TL=0,5–0,3

1-FACH-VERGLASUNG

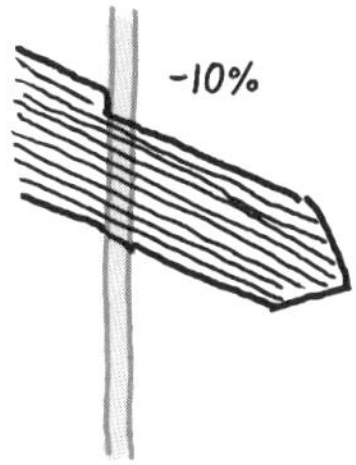

2-FACH-VERGLASUNG

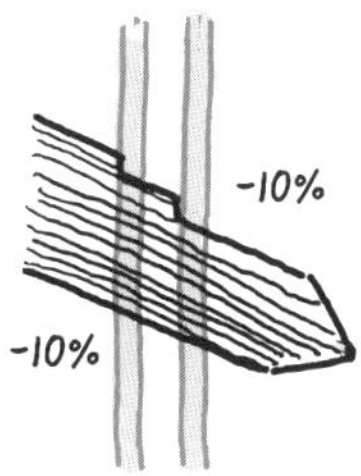

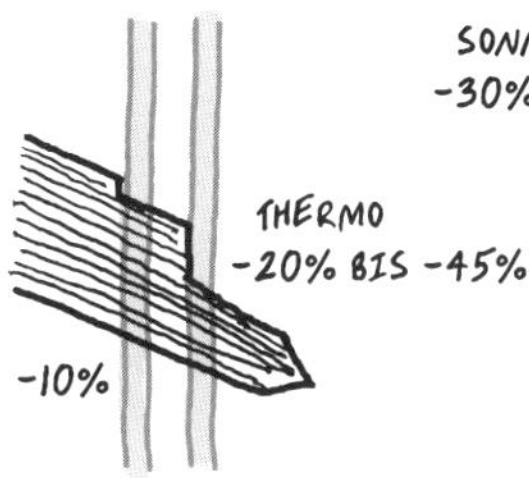

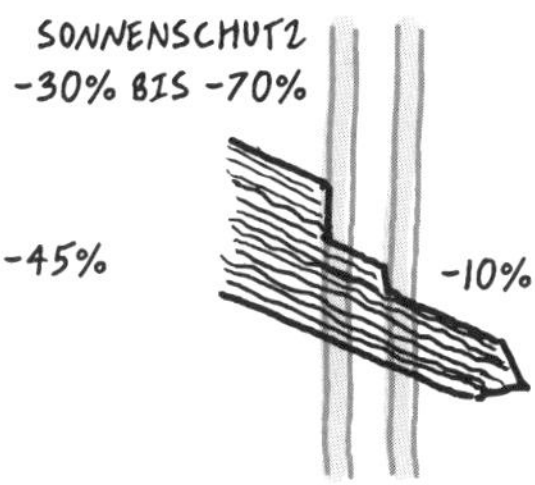

3-FACH-VERGLASUNG

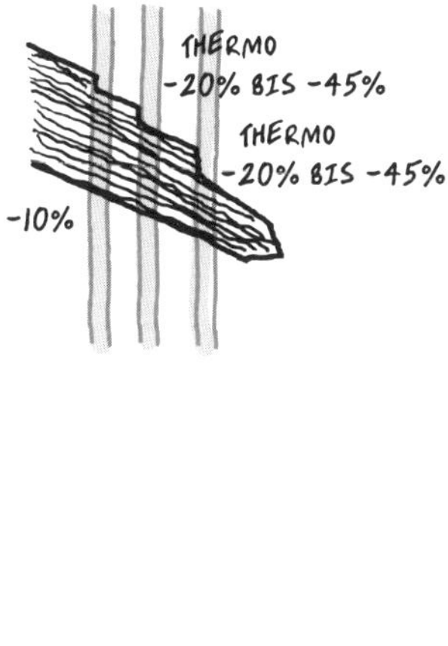

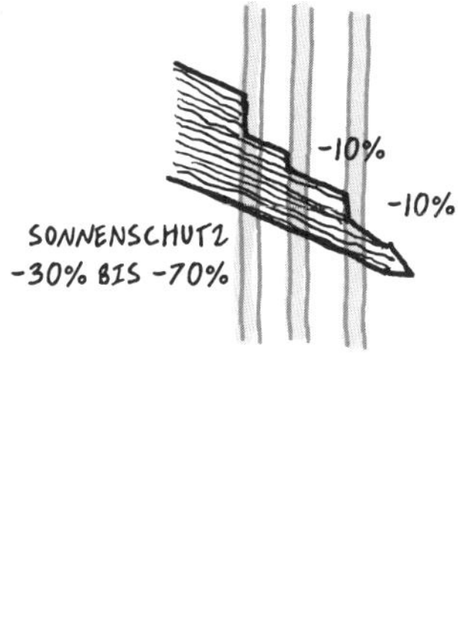

g-Werte von Fenstern

Wie im vorherigen Kapitel bereits erwähnt, ist der Grad der Fähigkeit eines Glases, Sonnenenergie hindurchzulassen, mit dem Energiedurchlassgrad g beschrieben. Dieser gibt an, wie viel Energie nach der Reflexion an der Oberfläche und Absorption im Glas noch auf der anderen Seite des Glases ankommt.

Im Winter wünschen wir uns, dass dieser Wert möglichst groß ist, um ein Maximum an solaren Energiegewinnen zu erzielen. Im Sommer hingegen bevorzugen wir einen möglichst kleinen g-Wert, um die Innenräume vor Sonnenenergie zu schützen. Das Glas kann es uns einfach nie recht machen.

Den g-Wert der Gläser können wir weder errechnen noch herleiten. Dies machen die Hersteller der Gläser für den Planer. Dieser hat nur zu planen, welche Glaseigenschaften er für sein Gebäude benötigt.

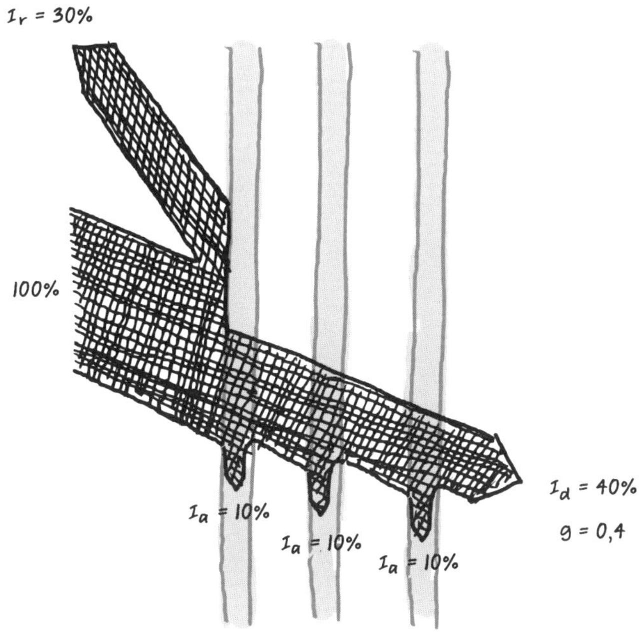

I_r = 30%
100%
I_a = 10%
I_a = 10%
I_a = 10%
I_d = 40%
g = 0,4

05

Schall-schutz und Akustik

Schallausbreitung

Schall ist ein ganz besonderes Thema der Bauphysik. Nirgendwo anders haben sich Experten so stark spezialisiert. Da der Bereich so umfangreich und kompliziert ist, kann in diesem Buch nur oberflächlich über die wichtigsten Rahmenbedingungen gesprochen werden. Aber ich bin auch hier überzeugt, dass es für den entwerfenden Planer keiner tieferen Kenntnisse bedarf und im Zweifel immer besser der Experte heranzuziehen ist.

Schall breitet sich als Welle im Raum aus. Um Schall übertragen zu können, ist ein elastisches Medium notwendig, er kann sich also nicht im Vakuum ausbreiten. Innerhalb desselben Mediums breitet sich der Schall von der Quelle (Erreger) in alle Richtungen gleichermaßen aus. Dies tut er in verschiedenen Frequenzen, die wir als Töne wahrnehmen. Aus der Anschauung wissen wir, dass Schall eine begrenzte Reichweite hat, was daran liegt, dass er eine Energie ist, die Moleküle, wie etwa die der Luft, in Bewegung versetzt. Durch Reibung der Moleküle untereinander wird die Bewegungsenergie jedoch abgebaut und in Reibungsenergie umgewandelt. Vereinfacht wird 1 dB/100 m abgebaut. Das nennt man Absorption.

Trifft Schall auf ein anderes Medium, löst dies typische physikalische Reaktionen aus, die den Schall in Frequenz und Amplitude ändern können:

Reflexion
Schall weist wie Licht die Eigenschaft der Reflexion an Oberflächen auf. So kann Schall zum Beispiel über gegenüberliegende Flächen um die Ecke reflektiert werden oder zwischen zwei glatten Gebäudeoberflächen (Glasfassaden) nach oben.

Beugung
Alle Wellen können an Objekten gebeugt werden. Sprich, sie besitzen die Fähigkeit, um eine Ecke herumzuwandern. Je niedriger die Frequenz, desto stärker kann die Beugung ausfallen. Daher hören wir die Bässe (tiefen Töne) auch gefühlt überall.

SCHALL IST EINE ENERGIE, DIE TEILCHEN BEWEGT

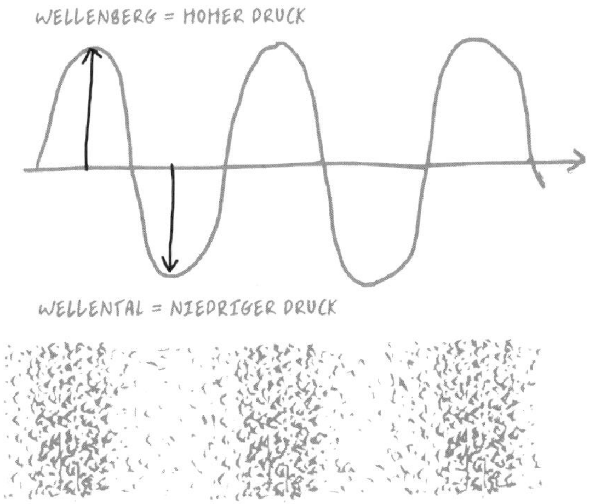

SCHALLBEUGUNG AN DER KANTE

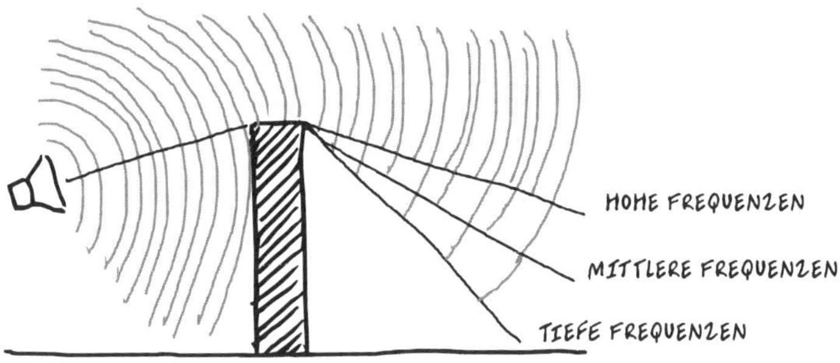

Schalldruck, Schall(druck)pegel

Der Schalldruck beschreibt die Kraft, mit der der Schall auf eine Fläche einwirkt. Damit bezeichnet er nichts anderes als das, was wir Lautstärke nennen. Mehr Druck wird als lauter wahrgenommen. Dieser Druck findet sich als die Amplitude der Schallwelle wieder. Das heißt, je größer die Amplitude, desto höher der Schalldruck, sprich desto höher die Lautstärke. Als Einheit des Schalldrucks verwenden wir N/m^2 oder Pa (Pascal).

Der **Schallpegel oder Schalldruckpegel** hingegen beschreibt die Stärke eines Schalls. Auf den ersten Blick möchten sich Druck und Stärke nicht so richtig unterscheiden lassen. Die Schallstärke wird in dB (Dezibel) angegeben und ist eben im Gegensatz zum Schalldruck keine echte physikalische Größe und hat auch keinen absoluten Wert. Das Dezibel drückt eine Relation von physikalischen Größen aus. Verkürzt: Das Dezibel ist eine Relation von Schalldruck und der Empfindungsschwelle des menschlichen Ohrs und diese stehen zudem in einem logarithmischen Verhältnis zueinander.

Und das macht es auch alles etwas schwierig. Denn Dezibel ändern sich in anderen Verhältnissen, als es die Schalldrücke, also die Lautstärken tun. Eine Änderung von 10 dB entspricht in etwa einer Verdopplung der Lautstärke.

- 10 dB Hörschwelle (absolute Stille)
- 30 dB ruhig oder leise
- 50 dB normale Geräusche in Wohnumgebungen
- 60 dB Sprechen
- 80 dB Autoverkehr
- 110 dB Disko
- 130 dB Schmerzgrenze
- 140 dB Düsenflugzeug

60 dB

80 dB

110 dB

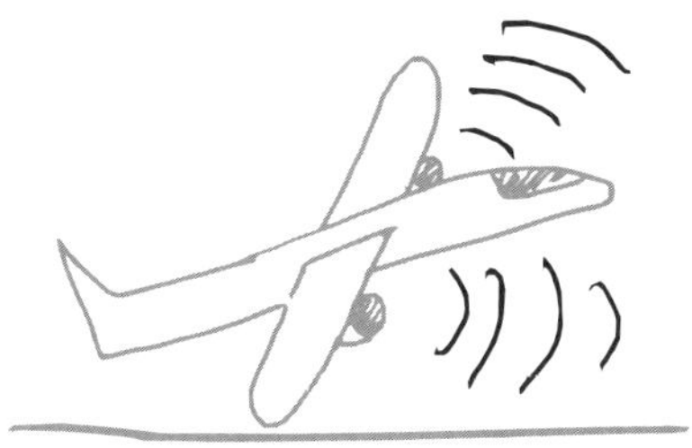

140 dB

Luftschall

Der Luftschall beschreibt, wie es der Name schon sagt, die Ausbreitung von Schall in der Luft. Dies geschieht in Form einer Longitudinalwelle, die in Ausbreitungsrichtung schwingt. Der Schall, der an unser Gehör dringt und unser Trommelfell zum Schwingen bringt, ist in der Regel Luftschall.

Der Luftschall kann von schwingenden Festkörpern ausgesendet werden. Das Prinzip nutzen auch Lautsprecher. Hier schwingen Membranen und regen so die Luft zu Schwingungen an. Ähnlich ist es mit Bauteilen in unseren Gebäuden. Geraten diese in Schwingung, wäre das eigentlich noch gar nicht hörbar. Aber da schwingende Bauteile die umgebende Luft zum Schwingen anregen, erzeugen sie Luftschall, den wir wiederum hören können.

Das heißt, wenn es um den Schallschutz geht, dann beschäftigen wir uns eigentlich nicht direkt mit der Verringerung von Luftschall, sondern eher damit, die Schallquellen zu beseitigen.

Wo der Luftschall eine größere Rolle spielt, ist der Bereich der Akustik. Also dort wo wir Schall im Raum planen, Reflexionen kontrollieren, planen, wann und wo der Schall ankommen und ob bzw. wie viel Schall absorbiert werden soll.

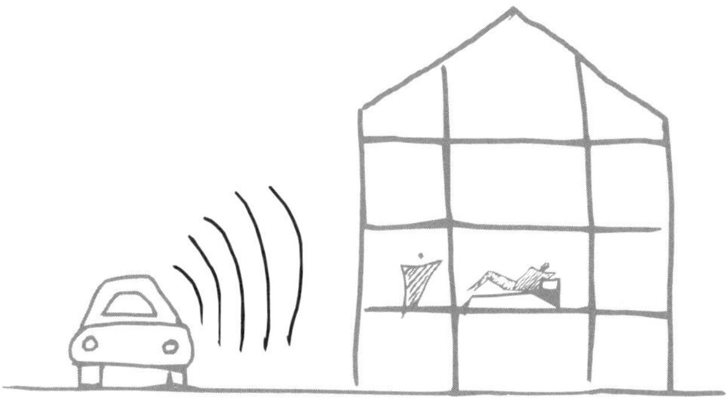

Körperschall

Der Körperschall ist ein Problem der Planung. Das gilt insofern, als wir in der Regel versuchen, durch Wände, Decken etc. Räume nicht nur optisch voneinander zu trennen, sondern auch akustisch. Sprich, wir wollen, dass Schall nicht von einem Raum in den anderen gelangt. Damit Schall durch Bauteile gelangt, müssen diese zum Schwingen angeregt werden.

Sehr einfach erklärt: Wenn Luftschall als Longitudinalwelle auf ein Objekt trifft, wird Schallenergie auf das Objekt übertragen. Und zwar in der Frequenz und mit dem Druck der Schallwelle. Feste Körper formen dies dann in eine Transversalwelle um und schwingen. Je höher der Schalldruck, desto höher die Amplitude der Schwingung. Das schwingende Bauteil überträgt dann den Schall auf der anderen Seite wieder an die Luft und es entsteht neuer Luftschall. Das Bauteil wird vom Empfänger zum Sender.

Köperschall kann aber auch durch mechanische Anregung von Bauteilen entstehen. Der Trittschall ist hier ein gutes Beispiel. Die Menschen laufen auf dem Boden und übertragen dabei Energie wie auch Schwingungen. Der Boden nimmt diese auf und ggf. überträgt er sie auf die Unterseite der Decke. Und dort sendet diese dann Luftschall an den Menschen aus, der die Geräusche dann hört.

Schlagen wir gegen eine Wand, erzeugen wir ebenfalls Körperschall, der auf der anderen Seite zu hören ist.

Übertragung kann man sich also so vorstellen, dass jedes Bauteil zur Lautsprechermembran werden kann, wenn Schalldruck und Frequenz passen.

DIREKTE ANREGUNG, SCHWINGUNG DER BAUTEILE

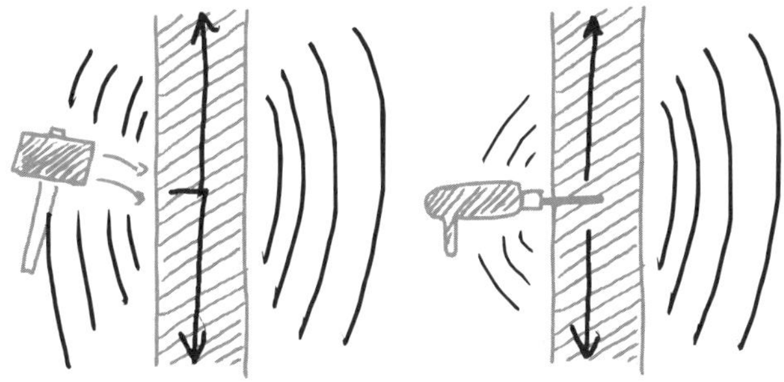

SETZT SICH IN ANGRENZENDEN BAUTEILEN FORT

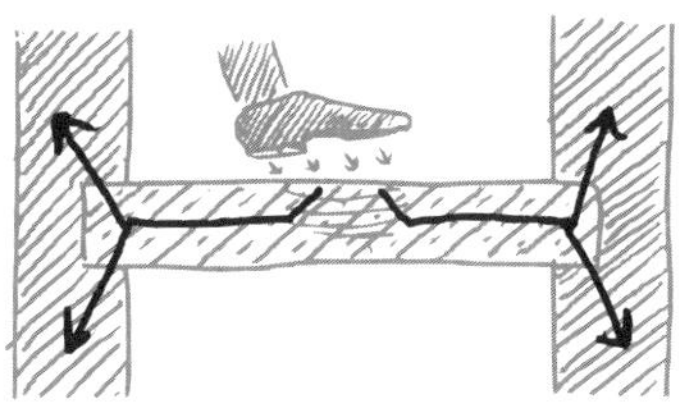

VERHINDERUNG DER SCHALLFORTPFLANZUNG DURCH ENTKOPPLUNG

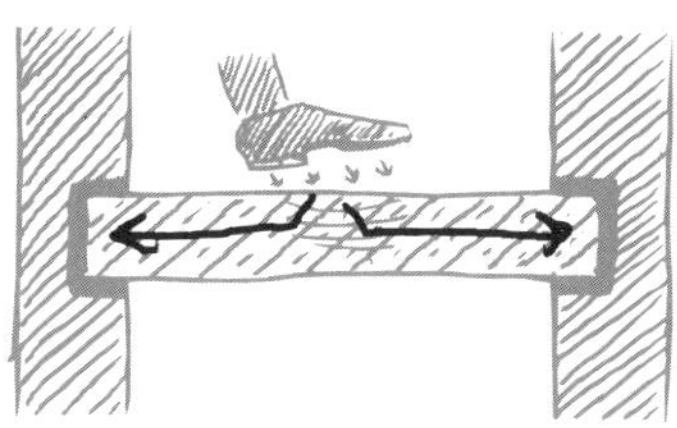

Schallhart und schwer

Der Körperschall ist vereinfacht gesagt die Schwingung des Bauteils. Er ist stärker, je höher die Amplitude, und die Frequenz ist die Tonhöhe. Aus der Anschauung wissen wir, schwere Materialien oder Bauteile sind auch schwerer zu bewegen. Demnach sind sie auch schwerer zum Schwingen anzuregen. Diese Eigenschaft kann man sich im Schallschutz zunutze machen.

Bauen wir eine sehr schwere Wand, verwenden also ein Material mit hoher Rohdichte und hoher Wandstärke, so bauen wir für den Schall ein Hindernis. Der Luftschall wird auf das Bauteil treffen, seine Energie an es abgeben. Reicht die Energie dann nicht, um das Teil in Schwingung zu versetzen, wird es die Schallenergie einfach „schlucken". Genau das ist mit schallhart und schwer gemeint. Das Bauteil stellt sich hart und undurchdringlich dem Schall in den Weg.

Dies ist im Grunde der Standard bei Wohnungstrennwänden. Wir führen sie in der Regel massiv aus und machen diese damit schwer genug, um nicht vom Luftschall zum Schwingen gebracht zu werden.

Natürlich müssen diese Wände auch schwer genug sein, um Körperschall nicht weiterzuleiten.

Die Fähigkeiten jedes Bauteils sind natürlich begrenzt und gerade massive Teile leiten Schall durch Bohren oder Schlagen gut weiter.

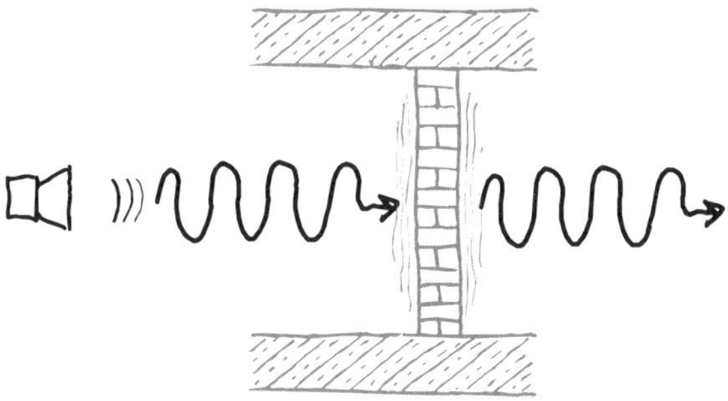

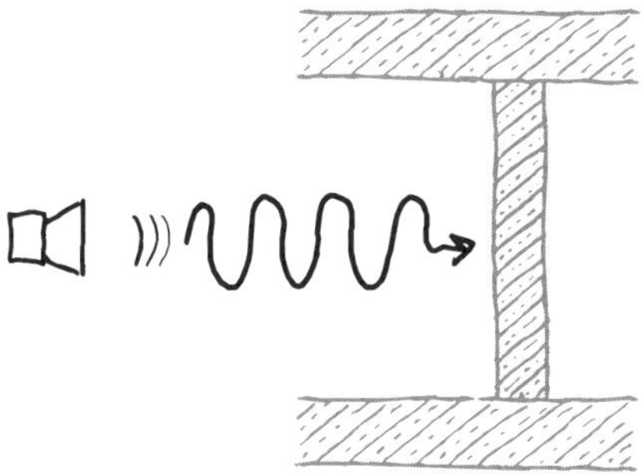

Schallweich und leicht

Anstatt dem Schall Masse entgegenzusetzen, kann man ihn seine Energie auch an schwingenden Bauteilen regelrecht abarbeiten lassen. Das tut man zum Beispiel mit schallweichen Vorsatzschalen. Sehr beliebt ist die Methode vor Aufzugswänden. Diese haben das Problem, dass Körperschall über die Schrauben von der Führung der Kabine direkt in die Wände übertragen wird. Gegen direkte Übertragung von Körperschall kann man zwar entkoppeln, aber die Wirkung ist hier begrenzt. Um Aufzugswände weniger schwer und damit weniger dick ausführen zu müssen, als es notwendig wäre, wollte man diese Schwingungen vollständig absorbieren, lässt man sie einen Teil des Schalls übertragen, stellt aber mit etwas Abstand eine weiche Schale vor die Wand. Die Aufzugswand wird in einer bestimmten Frequenz aus der Schwingung einen Luftschall erzeugen, der dann durch die weiche Schale erneut gebremst wird.

Das Prinzip ist einfach. Man erzeugt eine Schichtung aus Bauteilen und Luft mit am besten verschiedenen Rohdichten und Gewichten und lässt die Schallenergie sich an den ständigen Übertragungen zwischen den Stoffen „abarbeiten".

Unterstützen kann man diesen Effekt noch durch Dämmmaterial zwischen den Schichten.

Dass einzelne Schichten verschiedene Gewichte, Rohdichten oder Stärken aufweisen, ist auch beim Bau von Schallschutzfenstern hilfreich. Der Einsatz verschiedener Gläser wirkt schalldämmend. Hingegen kann es beim Einbau identischer Gläser zu ungewollten Resonanzen kommen. Diese machen sich in unangenehmem Dauerrauschen oder anderen hörbaren Phänomenen bemerkbar.

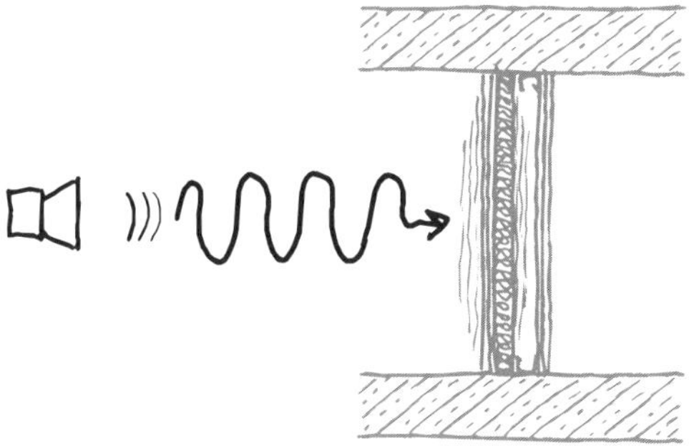

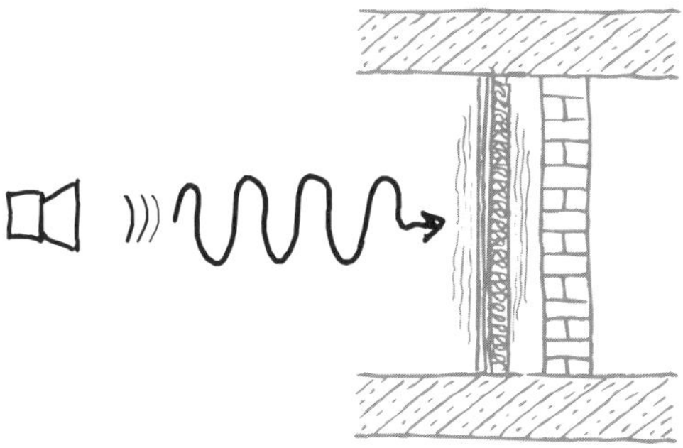

Flankenübertragung

Auch wenn wir richtig gute Bauteile wie Schallschutzwände oder Schalldecken bauen, bleibt immer ein Problem: der seitliche Anschluss an andere Bauteile. Solche Anschlüsse bilden in der Regel eine Fuge aus. Manchmal müssen wir sogar Platz für Bauteilbewegungen lassen. Anschlüsse dieser Art führen häufig zu Schwachstellen im Schallschutz.

Wenn der Schall an dem raumtrennenden Bauteil seitlich vorbeigeht, nennen wir das Flankenübertragung. Grundsätzlich nutzt der Schall den einfacheren Übertragungsweg. So kann es sein, dass eine Schallschutzwand mit hoher Anforderung an eine Betondecke angeschlossen wird. Der Anschluss muss hierbei stumpf ausgeführt werden. Die Decke hat zudem noch andere Eigenschaften als die Wand. Und schon finden einige Frequenzen genau an dieser Schnittstelle einen besseren Übertragungsweg und umgehen dank dieser Konstruktion die Wand.

Bei alten Holzbalkendecken lässt sich häufig zwar eine schalldämmende Unterdecke einbauen, aber der Anschluss zu Mauerwerkswand bleibt eine Fuge. Auch hier findet der Schall dann seinen Weg über den Deckenrand, entlang der Mauerwerkswand.

Flankenübertragungen können wie Wärmebrücken durch gute Detailplanung minimiert werden, doch bleiben sie Schwachstellen. Für die Fläche hat die Industrie Produkte entwickelt, die sich fast gar nicht falsch einbauen lassen; die Anschlüsse hingegen bedürfen handwerklicher Fähigkeiten mit dem entsprechenden Know-how.

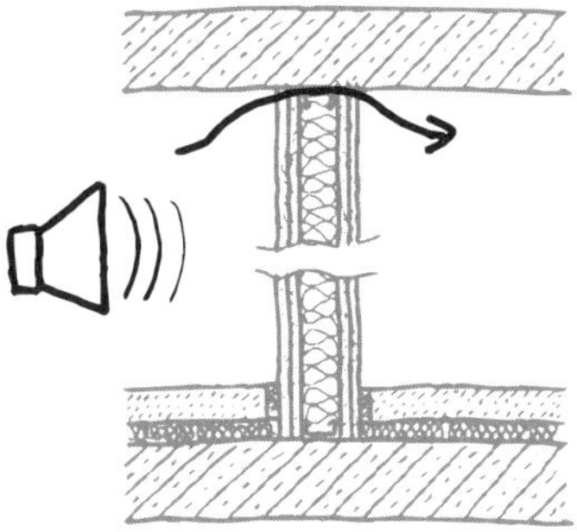

BEISPIEL
ANSCHLUSS WAND AN DECKE

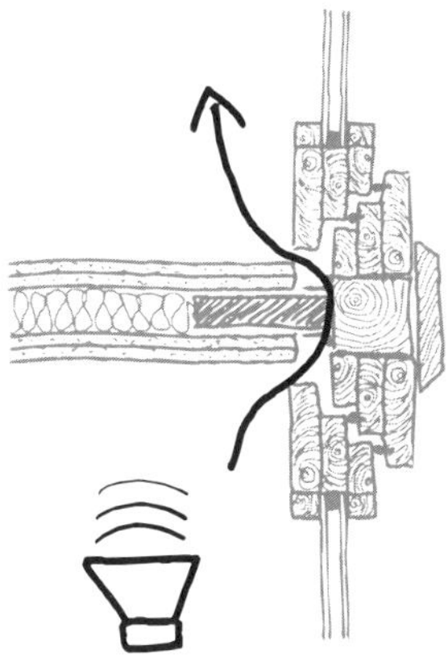

BEISPIEL
WAND-SCHWERTANSCHLUSS AN FENSTER

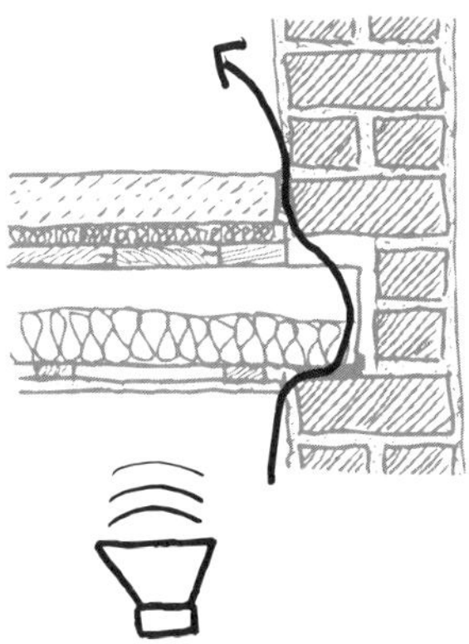

BEISPIEL
RANDBEREICH HOLZBALKENDECKE

Schallbrücke

Neben den Flanken existieren in Konstruktionen noch andere Schallbrücken, die sich häufig aus Ausführungsfehlern ergeben. Auch für den Schall gilt: Je komplizierter das Bauteil, je mehr Schichten es hat und aus je mehr Materialien es besteht, desto größer wird meist die Gefahr von derartigen Fehlern.

Beispiel Trittschall:
Bei Decken und Fußbodenaufbauten setzen wir schon länger statt auf Gewicht auf komplexe Aufbauten mit schwimmenden Fußböden auf Trittschalldämmungen. Das ist auch sinnvoll, da das Gewicht schwerer Decken auch erst einmal irgendwie abgetragen werden muss. Das Problem, das hier hin und wieder auftaucht, ist, dass schwimmende Estriche feucht oder sogar flüssig eingebaut werden. Damit diese auf der Trittschalldämmung auch schwimmen, liegt zwischen Dämmung und Estrich eine Folie. Bei ihr handelt es sich um keine fugenlose raumgroße Fläche: Sie besteht aus Bahnen, die überlappend verlegt werden. Daraus resultieren zwei Schwachpunkte: die Anfälligkeit gegenüber Stößen und Beschädigungen durch Arbeitskräfte, die auf der Folie herumlaufen und dabei eventuell einmal einen Schraubendreher fallen lassen. Dringt Estrich durch eine Schwachstelle der Folie, stellt diese Stelle eine Verbindung zwischen dem Estrich und der Decke her. Die Verbindung überträgt dann nicht nur Trittschall, sie verstärkt den Übertragungseffekt sogar. Das wäre dann eine klassische Schallbrücke.

Das Prinzip ist wie bei einem Dosentelefon: Die Schnur als physische Verbindung überträgt die Schallwellen vom Sender zum Empfänger besser als die Luft zwischen den beiden. So macht es auch eine Schallbrücke, sie bietet eine physische Verbindung hindurch durch die Dämmung oder den Luftraum im Bauteil.

FEHLSTELLE IN DER TRENNLAGE
DES SCHWIMMENDEN ESTRICHS

KÖRPERSCHALLÜBERTRAGUNG
AUS WASSERLEITUNG DURCH DIREKTEN KONTAKT

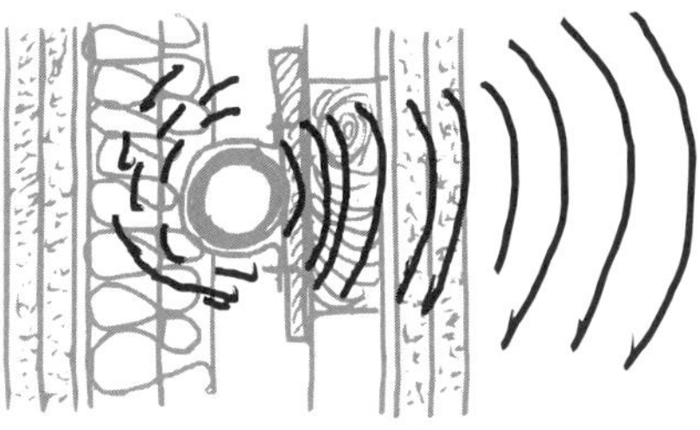

Eigenfrequenz

Die Eigenfrequenz eines Materials oder einer Konstruktion ist eine sehr tückische Sache. Sie kann, wird genügend Energie aufgewendet und ist damit die Amplitude hoch genug, bis zur Zerstörung führen.

Jede Konstruktion, jedes Material hat eine Eigenfrequenz. Wird das Material oder Bauteil oder die Konstruktion mit genau dieser Frequenz angeregt, wird es unweigerlich anfangen zu schwingen. Das betrifft nicht nur Schallwellen.

Ein gutes Beispiel zum Thema Eigenfrequenz ist der Einsturz der Tacoma-Brücke in den USA im Jahr 1940. Gerade mal drei Monate nach ihrer Eröffnung zog ein leichter Sturm über der Brücke auf. Die Wirbelablösungen des Sturms hatten annähernd die Eigenfrequenz der Brückenkonstruktion, sodass diese anfing stark zu schwingen und in Resonanz geriet. Nach nicht einmal 45 Minuten stürzte die Brücke ein.

So wie die Brücke einer Anregung in der Eigenfrequenz nichts entgegenzusetzen hatte, kann es auch mit Bauteilen und einer auftreffenden Schallwelle geschehen. Die Frequenz würde quasi glatt hindurchgehen.

Ähnlich verhält es sich bisweilen auch mit Maschinen, die auf Geschossdecken stehen oder montiert werden. Wenn diese Schwingung in der Eigenfrequenz der Decke abgeben, wird sogar eine kleine Amplitude auf einmal gut hörbar.

Dennoch sind schwere Bauteile auch schwerer durch Schall in Resonanz zu versetzen als leichte, da es hierfür zusätzlich eines gewissen Schalldrucks bedarf.

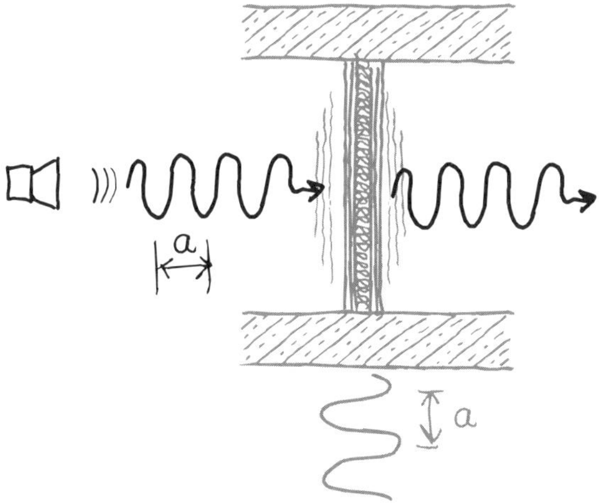
a
a

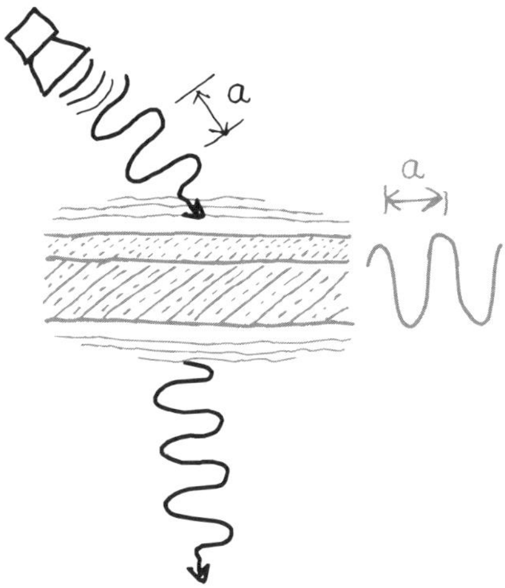
a
a

Interferenz

Mit der Interferenz begeben wir uns in den Bereich der Akustik. Wellen können sich durch Überlagerung verstärken, aber auch gegenseitig auslöschen. Bei der auslöschenden Interferenz wird eine Welle von einer exakten Gegenwelle eliminiert. Diese Verfahren nutzen zum Beispiel Noise-Cancelling-Geräte in Luxusflugzeugen oder auch moderne Kopfhörer.

In der Akustikplanung lässt sich dank diesem Phänomen etwa in einem Raum ein vollständig stiller Bereich kreieren. Solch ein Ort der Stille, an dem sich die Schallwellen gegenseitig aufheben, findet sich oft im Zentrum einer Kuppel.

Akustik ist im Grunde für den Umfang dieses Buches als Thema viel zu komplex und wirklich große Kunst – aber will man vereinfacht gesagt einen Ort schaffen, an dem sich die Schallwellen im Raum aufheben, muss man den Schall perfekt im Raum reflektieren und den Zeitpunkt, wann von wo welche Welle kommt, kontrollieren. Das lässt sich über Geometrien und Oberflächen steuern. Für Genaueres verweise ich an dieser Stelle an den Akustiker des Vertrauens.

Interferenzen können aber auch zu Verstärkungen von Wellen führen. Auch ist in der Akustik unter Umständen sehr hilfreich, um zum Bespiel weit hinten im Raum gelegene Orte trotzdem noch zu erreichen. Dass sich Schallwellen mitunter gegenseitig verstärken, zeigt sich beim umgangssprachlichen „Aufschaukeln" von reflektierendem Schall in Häuserschluchten. Es gibt Situationen, in denen der Straßenlärm in oberen Geschossen lauter ist als unten. Verantwortlich dafür ist die Geometrie des Resonanzraums.

KONSTRUKTIVE INTERFERENZ
WELLE A UND B ADDIEREN SICH ZU C
(AMPLITUDENERHÖHUNG, LAUTER)

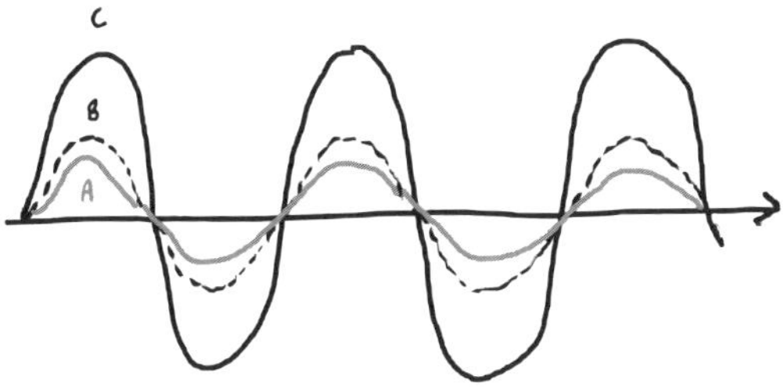

DESTRUKTIVE INTERFERENZ
WELLE A UND B HEBEN SICH GEGENSEITIG AUF
(NOISE CANCELLING)

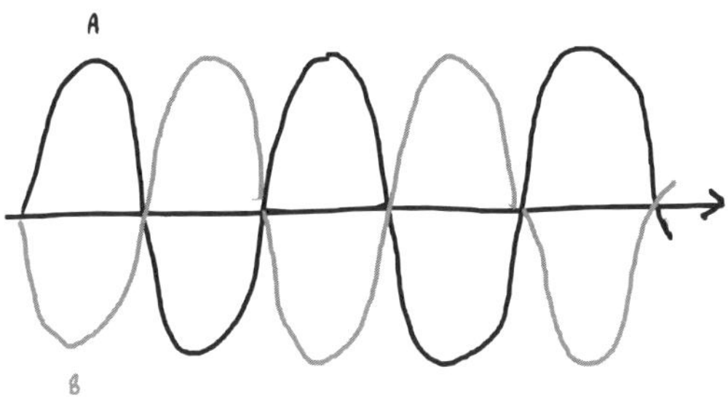

Nachhall oder Nachhallzeiten

Die Nachhallzeit beschriebt die Zeit, die es braucht, bis sich ein Geräusch (ein Ton, ein Schall) nach Abschalten der Quelle noch im Raum abbaut. Ist die Nachhallzeit zu kurz, so erscheinen uns die Geräusche unnatürlich stumpf und abgeschnitten. Der Raum schluckt die Geräusche buchstäblich. Ist die Nachhallzeit zu lang, kann es dagegen zu Überlagerungen kommen, die zum Beispiel das gesprochene Wort undeutlich machen. Daher ist die Nachhallzeit in Räumen abhängig von deren Nutzung einzustellen. In einem Besprechungsraum können Nachhallzeiten kürzer sein als in einem Konzertsaal, da Nachhall uns den Eindruck von Raum und Volumen vermittelt.

Möchte ich Nachhall reduzieren oder verhindern, plane ich große Absorberflächen. Diese schlucken den Schall und verhindern so die Reflexion zurück in den Raum (s. auch Kapitel „Absorber", S. 118).

Möchte ich einen langen Nachhall, sorge ich für reflektierende Flächen und eine Raumgeometrie, die eine Mehrfachreflexion des Schalls begünstigt. Es gibt nicht die optimale Nachhallzeit. Sie hängt von der Nutzung ab:

- **Aufnahme- und Regieräume:**
  unter 0,3 s, um den Originalton nicht zu beeinflussen
- **Klassenzimmer oder Hörsäle:**
  zwischen 0,6 und 0,8 s zur Verstärkung der Lautstärke des Sprechers
- **Empfehlungen für Unterrichtsräume:**
  nach DIN 18041
- **Musiksäle:**
  zwischen 1,5 und 3 s für eine angenehme Akustik

KLARHEIT DES GESPROCHENEN WORTES

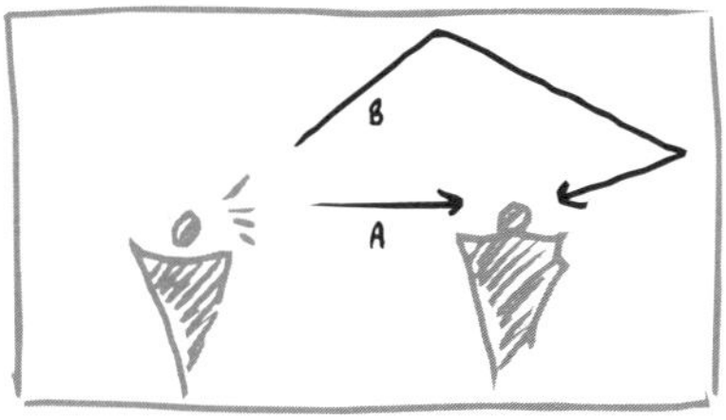

Z. B. KLASSENZIMMER, HÖRSAAL, KONFERENZRAUM
MAX. 0,8 s ZWISCHEN A UND B

REDUKTION AUF DEN ORIGINALTON

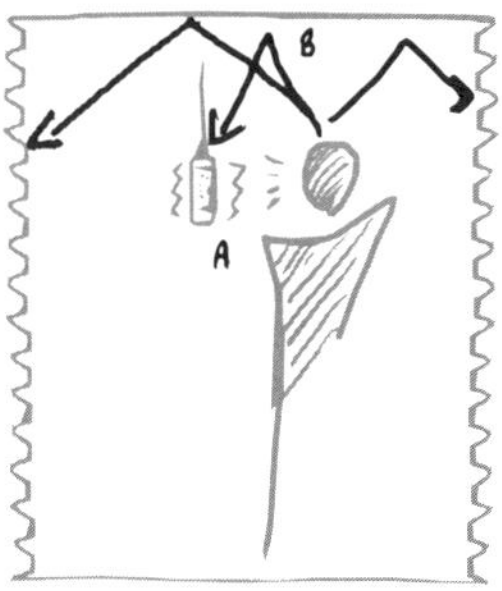

Z. B. TONSTUDIO
MAX. 0,3 s ZWISCHEN A UND B

RAUMAKUSTIK

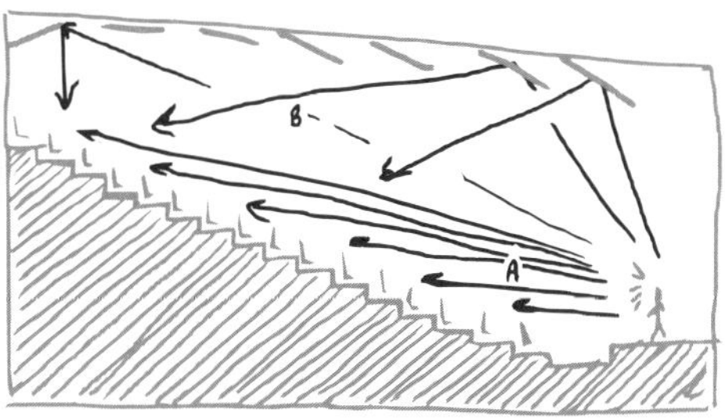

Z. B. KONZERTSAAL
1,3 s – 3 s ZWISCHEN A UND B

Reflexion

Schall kann wie jede Welle reflektiert werden. Auch sind die Regeln, etwa Einfallswinkel = Ausfallswinkel, identisch. Wird der Schall reflektiert, verliert er in der Regel an Intensität, da ein Teil seiner Energie an die Fläche, auf die er trifft, abgegeben wird.

In der Akustik macht man sich dies oft zunutze, um beispielsweise in einem Konzertsaal die Musik mit geringer Verzögerung und verschiedener Intensität zweimal beim Zuhörer ankommen zu lassen. Das verstärkt den Eindruck des Musikvolumens und erzeugt eine Art Raumklang.

Genau wie Licht mit Spiegel kann man auch Schall um eine Ecke herum reflektieren. Ein Phänomen, das es beim Bau von Schallschutzwänden zu vermeiden gilt.

Insbesondere in urbanen Situationen sind viele Reflexionen der diversen Lärmquellen und deren Überlagerungen nicht gewünscht. Verstärkt werden Reflexionen, genau wie beim Licht, durch glatte und harte Flächen. In Großstädten der westlichen Zivilisationen finden wir diese Flächen leider in großen Mengen. Straßen und Gehwege sind asphaltiert oder anderweitig versiegelt. Die Gebäude sind zunehmend verglast und weisen immer weniger poröse Oberflächen auf. Städte aus Stein und Glas sind nicht nur klimatisch ein Problem, sondern fördern auch den erhöhten Lärmpegel.

Wer schon mal einen Band-Proberaum gesehen hat, kennt mit Eierkartons verkleidete Wände. Diese dienen kaum einem Schallschutz nach außen. Vielmehr reduzieren sie Schallreflexionen im Innern. Zerklüftete Oberflächen aus weichen Materialien helfen gegen Schallreflexionen und reduzieren den Nachhall.

GEPLANTE REFLEXION IN DER RAUMAKUSTIK

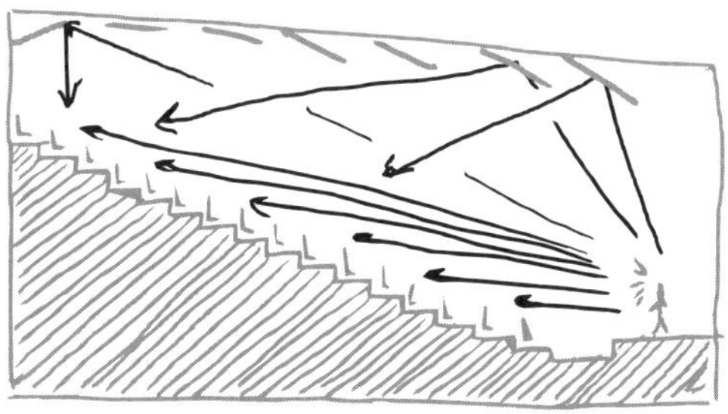

SCHALLAUSBREITUNG IM URBANEN RAUM DURCH REFLEXION

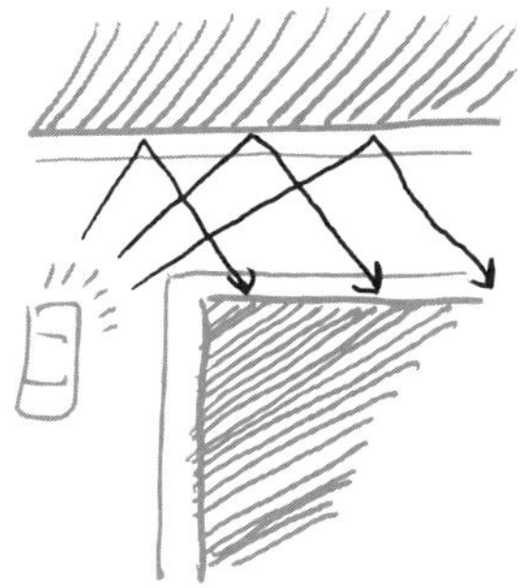

Echo

Das Echo ist ein Sonderfall der Schallreflexion. Ein Echo entsteht, wenn Schall auf den Sender zurückreflektiert wird und das mit einer ausreichenden Zeitverzögerung, sodass dieser Schall als separates Ereignis wahrgenommen wird.

Bekannt ist das Echo den meisten aus den Bergen oder wenn man in einen tiefen Schacht hineinruft. Dabei wird der Schall nicht direkt vom Grund des Schachts zurückreflektiert, sondern mehrfach über die Wände. Diese Strecke ist dann so viel länger, dass zwischen Aussenden (Rufen) und Empfangen (Hören) genügend Zeitunterschied liegt.

Für das normale Bauen, wenn es sich nicht gerade um Schächte oder Tunnel handelt, sind die meisten Räume nicht groß genug, eine solche Zeitverzögerung zu erzeugen. Entstehen aber Geometrien, bei denen der Schall aufgrund von Mehrfachreflexionen genug Zeit benötigt, um zum Sender zurückzukehren, können Echos entstehen.

Außer in Sonderfällen, wenn es darum geht, einen Effekt zu erzeugen, werden Echos in Gebäuden vermieden. In Räumen mit Echos kann man sich kaum unterhalten, weil die Überlagerungen aus jedem Monolog eine Art Kanon machen.

Da wir wissen, dass Schall sich mit einer Geschwindigkeit von rund 340 m/s ausbreitet, können wir bei einem Echo die Wegstreckenlänge, die der Schall genommen hat, ungefähr bestimmen. Damit ein Echo fünf Sekunden nach dem Rufen wieder bei uns ankommt, ist der Ruf eben 1700 m unterwegs gewesen. Damit wissen wir zwar nicht, welchen Weg und wie viele Reflexionen er genommen hat – kennen wir aber unseren Raum, so können wir aus dieser Information dennoch Schlüsse ziehen.

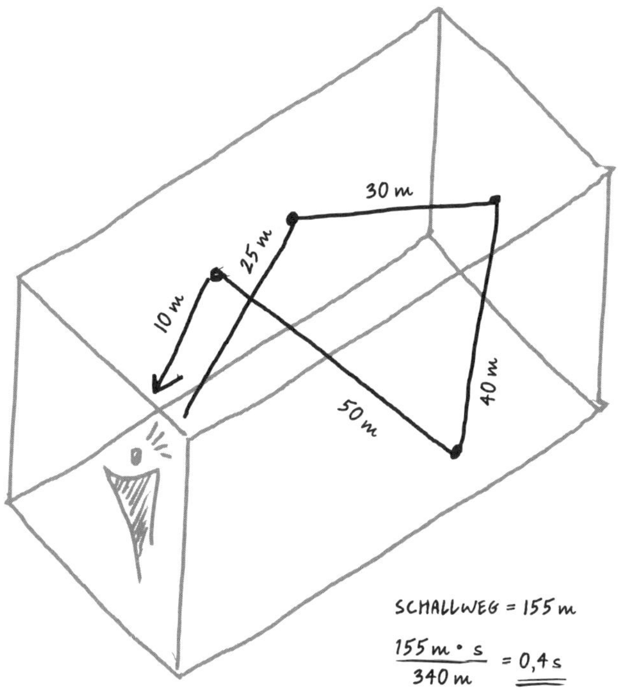
30 m
25 m
10 m
40 m
50 m
SCHALLWEG = 155 m
155 m • s / 340 m = 0,4 s

Absorber

Um all die physikalischen Eigenschaften von Schall, die auf den vorangegangenen Seiten kurz erklärt wurden, zu kontrollieren, kann man unter anderem Schallabsorber in Räume einbauen. Schallabsorber – entgegen den Schallreflektoren – sollen verhindern, dass Schall, der auf ihre Oberfläche trifft, in den Raum zurückreflektiert wird.

Dabei funktioniert nicht jeder Absorber für alle Schallfrequenzen. Je nach Frequenz oder Wellenlänge werden verschiedene Absorber verwendet. Aber das Prinzip ist dabei immer ähnlich. Absorber bieten eine poröse Oberfläche, in die der Schall eindringt, um sich dann in dessen Innern sozusagen tot zu laufen. Der Schall baut im Innern des Absorbers durch ständiges Reflektieren seine Energie ab. Das lässt sich mit porösen Stoffen wie Dammmaterialien, Schäumen und Textilien erreichen. Oder durch gebaute Hohlräume, in die der Schall über Löcher eindringt, dann aber nicht mehr herauskommt und dabei seine Energie abbaut.

Sehr häufig findet man zum Beispiel in Kitas oder Schulen Akustikdecken, die den „Lärm" der Kinder absorbieren sollen. Dabei handelt es sich in der Regel um gelochte Platten, die den Schall in den Zwischenraum zwischen abgehängter Decke und Rohdecke geleiten.

Abgehängte Absorber setzen öfter eher auf die Porosität von Schäumen, in denen sich der Schall abbauen kann.

In vielen Hörsälen findet man Akustikwände: gelochte Wände mit dahinterliegender Dämmung oder Hohlräumen.

Dem kreativen Planer sind keine Grenzen darin gesetzt, durch Materialien oder Oberflächen Schall absorbierende Eigenschaften herzustellen.

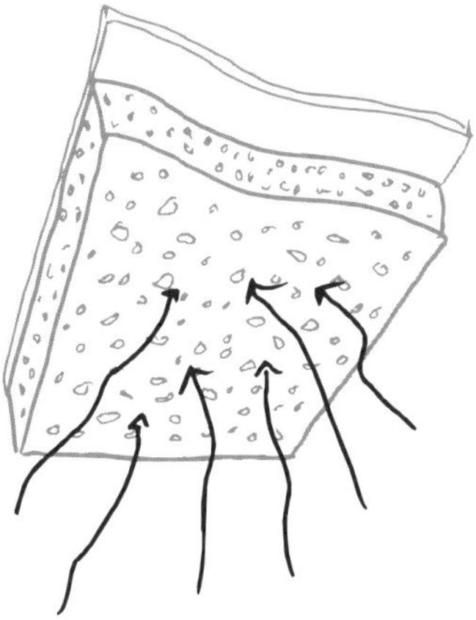

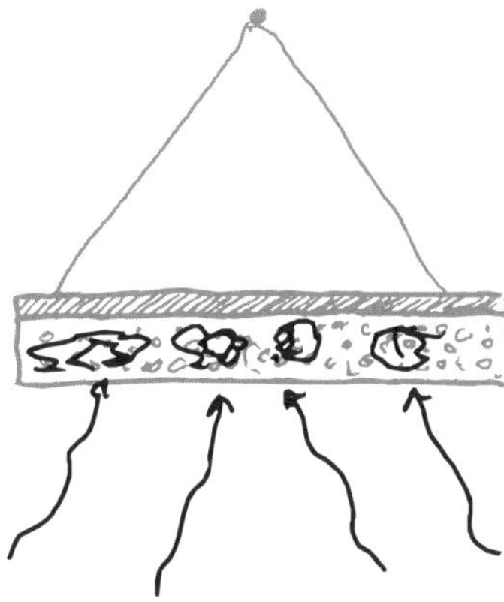

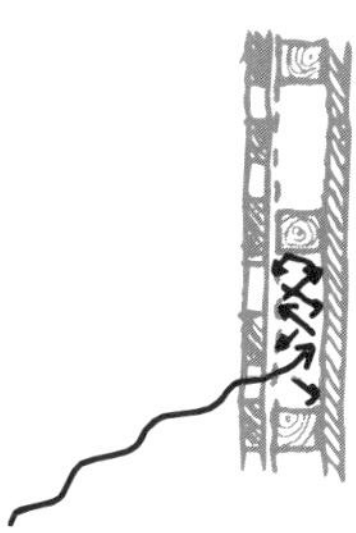

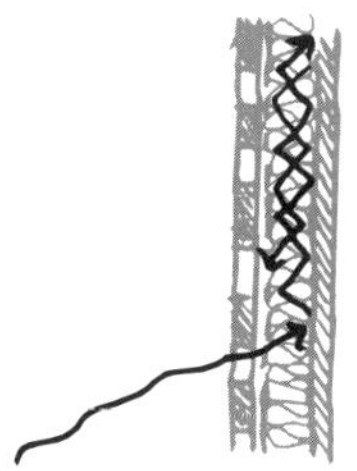

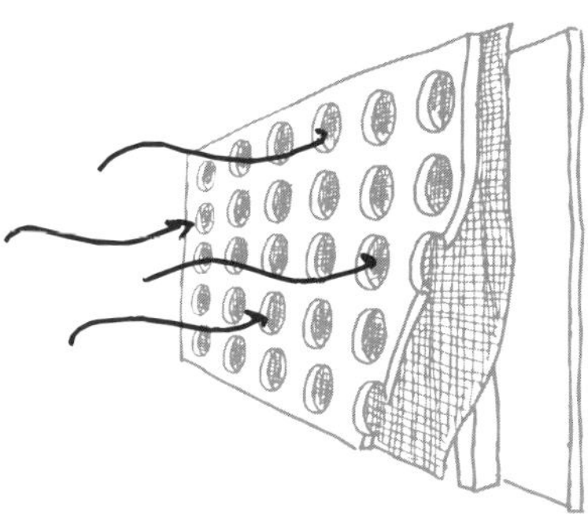

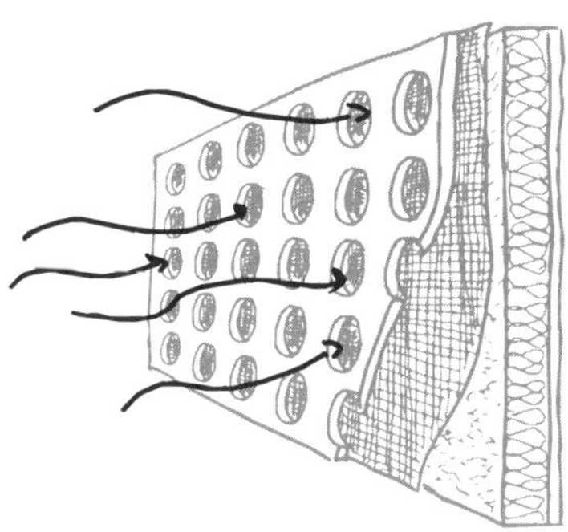

06

Brand-
schutz

Gebäudeklassen

Die Bauordnung teilt Gebäude in verschiedene Klassen ein. Den Klassen wiederum werden Anforderungen an die Standzeit und die Brandschutzklasse der Bauteile zugewiesen. Natürlich wurden die Abstufungen der Gebäudeklassen nicht willkürlich festgelegt. Sieht man genauer hin, richtet sich die Einordnung nach den technischen Möglichkeiten der Feuerwehr:

Gebäude, die mit der 8 m langen Handleiter oder ohne Hilfmittel erschließbar sind:

- **Gebäudeklasse 1a**
  Frei stehende Gebäude mit einer maximalen letzten Fußbodenhöhe von 7 m und Nutzungsheitengröße von maximal 400 m².
- **Gebäudeklasse 1b**
  Frei stehende Gebäude der Land- und Forstwirtschaft
- **Gebäudeklasse 2**
  Gebäude mit einer maximalen letzten Fußbodenhöhe von 7 m und Nutzungsheitengröße von maximal 400 m², jedoch mindestens einseitig angebaut.
- **Gebäudeklasse 3**
  Gebäude mit einer maximalen letzten Fußbodenhöhe von 7 m, aber Nutzungseinheitengröße größer als 400 m²

Gebäude, die mit dem Leiterwagen erschlossen werden müssen:

- **Gebäudeklasse 4**
  Gebäude mit einer maximalen letzten Fußbodenhöhe von maximal 13 m
  Gebäudeklasse 5
  Gebäude mit einer maximalen letzten Fußbodenhöhe von maximal 22 m

- **Hochhäuser und Sonderbauten.**

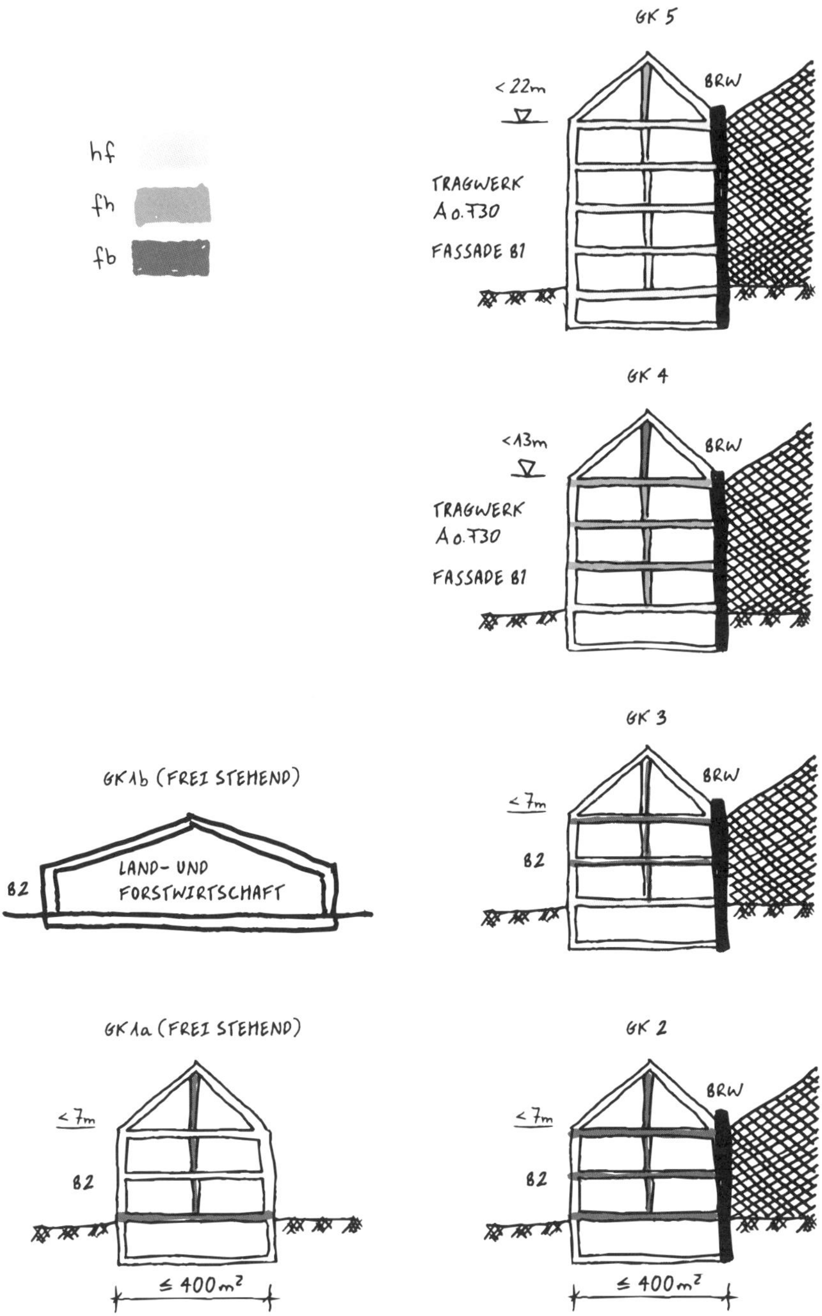
hf
fh
fb
GK 5
< 22m
BRW
TRAGWERK
A o. F30
FASSADE B1
GK 4
< 13m
BRW
TRAGWERK
A o. F30
FASSADE B1
GK 1b (FREI STEHEND)
LAND- UND
FORSTWIRTSCHAFT
B2
GK 3
BRW
< 7m
B2
GK 1a (FREI STEHEND)
< 7m
B2
≤ 400m²
GK 2
BRW
< 7m
B2
≤ 400m²

Brandklassen

Jedes Material hat ein anderes Brandverhalten. Bei der Einordnung von Materialien unterscheiden wir zwei Eigenschaften: Die eine ist die Entflamm- oder Brennbarkeit, die andere ist die Standzeit unter Einfluss von Hitze und Feuer. Ein Material kann brennen, dabei aber stehen bleiben. Damit gefährdet es die Standsicherheit nicht, kann durch Rauch- oder Hitzeentwicklung die Menschen im Gebäude aber dennoch gefährden oder sogar zur Brandausbreitung beitragen. Holz ist ein solches Material. Andere, wie Stahl, brennen nicht, verlieren aber unter Hitzeeinwirkung sehr schnell ihre Stabilität. Aus diesem Grund werden häufig beide Eigenschaften von Materialien betrachtet und benannt.

Bauteilanforderungen (Qualitäten) nach DIN 4102-1 Baustoffklassen:
- A1/A2: nicht brennbar
- B1: schwer entflammbar
- B2: normal entflammbar
- B3: leicht entflammbar (nicht zulässig)

Bauart/Bauteil nach DIN 4102-2:
- F30 (oder fh): feuerhemmend
- F60 (oder hf): hochfeuerhemmend
- F90 (oder fb): feuerbeständig
- F120
- F180

Türen/Fenster (Öffnungen):
- dsT: dichte selbstschließende Tür
- RS: Rauchschutztür nach DIN 18095
- G: Brandschutzverglasung
- T30/90: Feuerschutztüren 30 min oder 90 min
- T90-RS: rauchdichte Feuerschutztür 90 min

UNBEHANDELTER STAHL

F0-A
0 min STANDFEST, AUS NICHT BRENNBAREN MATERIALIEN

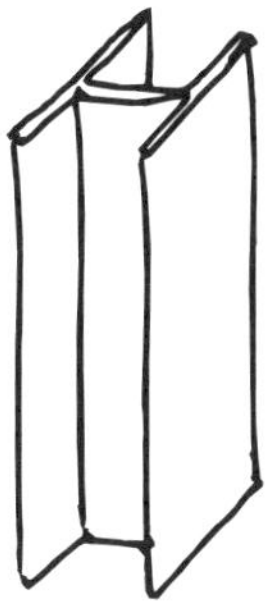

F30-ANSTRICH → F30-A
F60-ANSTRICH → F60-A

MAUERWERK BEIDSEITIG VERPUTZT

F90-A
90 min STANDFEST, AUS NICHT BRENNBAREN MATERIALIEN

KLASSISCHE HOLZBALKENDECKE

F30-AB
30 min STANDFEST, IM WESENTLICHEN AUS NICHT BRENNBAREN MATERIALIEN

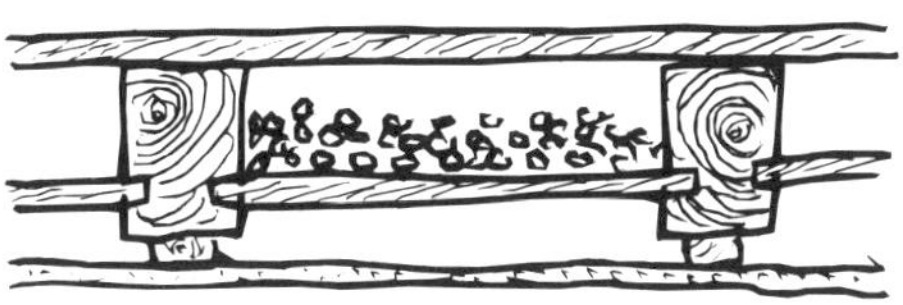

Brandwände

Brandwände sind per Definition Wände, die direkt auf einer Grundstücksgrenze oder weniger als 2,5 m davon entfernt errichtet werden. Diese Wände dienen der Verhinderung der Brandausbreitung auf benachbarte Grundstücke.

Es gibt auch interne Brandwände. Diese sind immer dann zu planen, wenn ein Gebäude länger oder breiter als 40 m ist.

Eigenschaften von Brandwänden an Grundstücksgrenzen:

- feuerbeständig (fb)
- unter zusätzlicher mechanischer Beanspruchung (wmB) gem. DIN 4102-3 90 mind. 3 000 Nm mehrfacher horizontaler Stoß
- bestehend ausschließlich aus nichtbrennbaren Baustoffen Klasse A1 oder A2
- ohne Öffnungen
- 30 cm über Oberkante Dachdeckung zu führen
- in allen Geschossen übereinander angeordnet

Eigenschaften von internen Brandwänden:

- feuerbeständig (fb)
- unter zusätzlicher mechanischer Beanspruchung (wmB) gem. DIN 4102-3 90 mind. 3 000 Nm mehrfacher horizontaler Stoß
- bestehend ausschließlich aus nichtbrennbaren Bauteilen
- 30 cm über Oberkante Dachdecke zu führen
- alternativ Verhinderung von Brandüberschlag mittels 1 m breiter feuerbeständiger Ausführungen der Decken
- Öffnungen feuerbeständig auszuführen

Landesbauordnungen können geringfügige geänderte Anforderungen aufweisen.

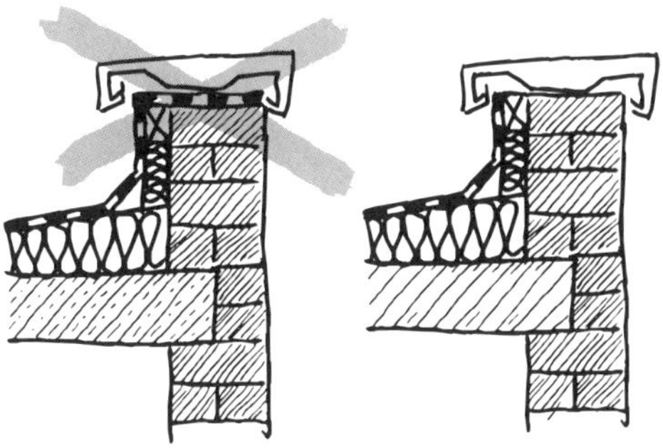

DICHTUNG NICHT AUF BRANDWAND FÜHREN

AUFLAGER
NICHT IN DER BRANDWAND

ABSTÄNDE

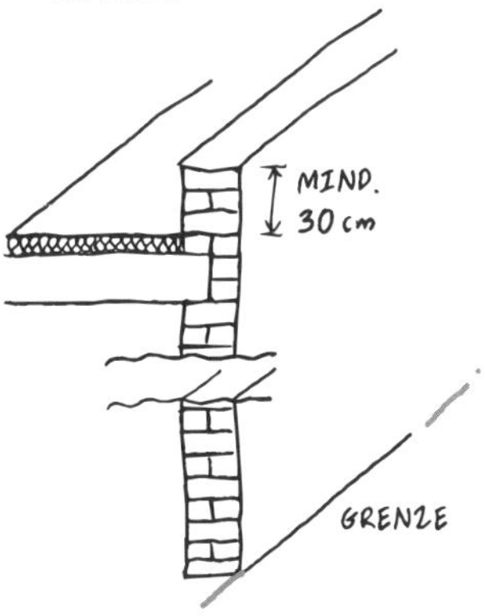

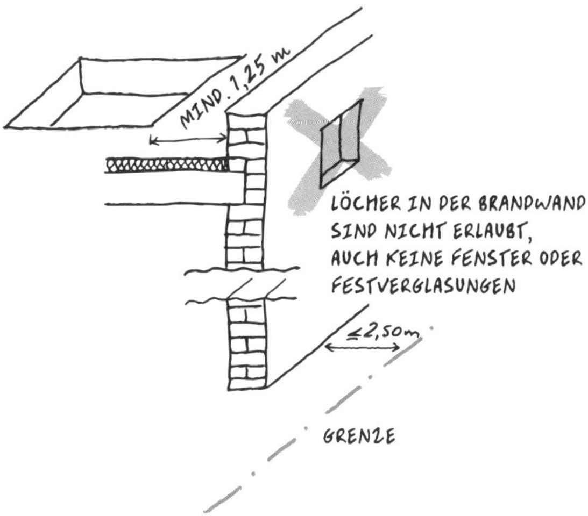

Brand- und Rauchabschnitte

Gebäude sind in Abschnitte zu unterteilen. Leider passen die verschiedenen Forderungen an die Unterteilung nicht immer zusammen.

Die Unterteilung in Brandabschnitte hat alle 40 m zu erfolgen. Diese Regel gilt in alle Himmelsrichtungen. Daraus resultiert ein maximales Raster von 40 × 40 m in denen ein Gebäude in Brandabschnitte zu unterteilen ist. Die Unterteilung dient der Verhinderung der Brandausbreitung.

Bei Gebäuden mit notwendigen Fluren sind diese in Rauchabschnitten von 30 m zu unterteilen. Das dient der Rauchfreihaltung dieser notwendigen Flure als Rettungswege.

Für Gebäude mit nur einem Sicherheitstreppenraum ist die Länge der notwendigen Flure auf 15 m halbiert. Dies führt am Ende auch zu einer maximalen Rauchabschnittslänge von 30 m.

Gebäude mit nur einem Sicherheitstreppenraum werden somit niemals in Brandabschnitte zu unterteilen sein. Allerdings werden Gebäude mit einer horizontalen Ausbreitung von mehr als 40 m in der Regel Rauch- und Brandabschnitte benötigen. Fast schon bedauerlich, dass diese nur alle 120 m einmal am selben Ort zusammenfallen.

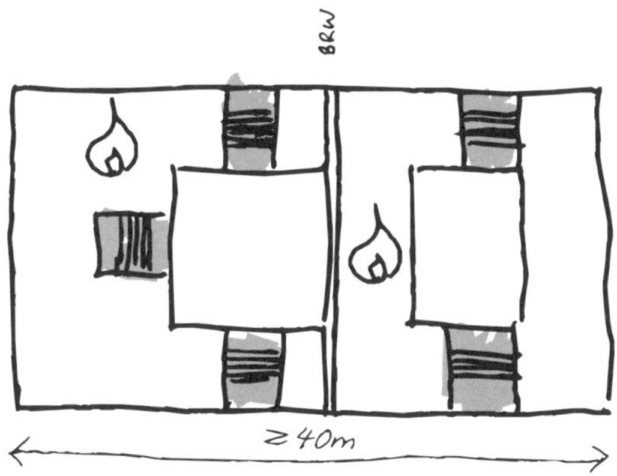
BRW
≥ 40m

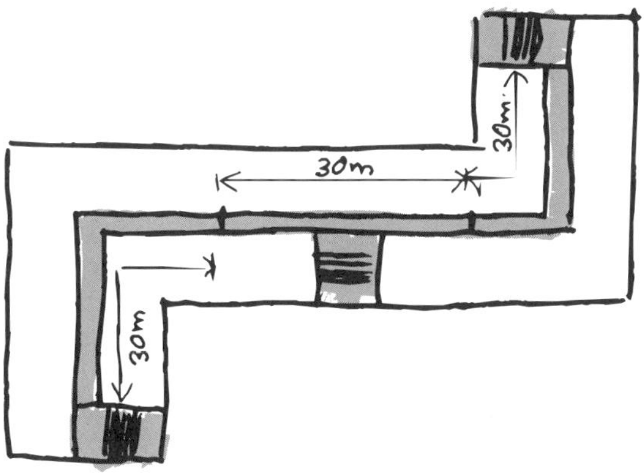
30m
30m
30m

Flucht- und Rettungswege

Grundsätzlich muss in jedem Gebäude von jedem Ort aus ein Rettungsweg in maximal 35 m Entfernung erreichbar sein.

In Nutzungseinheiten, die nicht größer als 400 m^2 sind, ist eine bauliche Ausbildung von Fluchtwegen nicht notwendig. Es sind lediglich Wege frei zu halten.

In allen Gebäuden der Gebäudeklasse 3 bis 5 mit möglichen Nutzungseinheiten größer als 200 m^2 bzw. für Büro- und Verwaltungsbauten 400 m^2 Brutto Grundfläche sind als Rettungswege notwendige Flure anzuordnen. Diese unterliegen wiederum der Regelung zur Herstellung von Rauchabschnitten alle 30 m oder, bei der Anordnung eines Sicherheitstreppenraums, eines einzelnen notwendigen Flurs mit einer Maximallänge von 30 m.

Notwendige Flure sind Rettungswege aus Aufenthaltsräumen oder Nutzungseinheiten zu Treppenräumen oder ins Freie.

Für notwendige Rettungswege müssen alle Öffnungen nichtabschließbar, rauchdicht und selbstschließend hergestellt werden. Schließungen mit Paniköffnung in Fluchtrichtung sind meist zulässig. Offenhaltungen von Türen im notwendigen Flur dürfen durch zugelassene Systeme erfolgen, die im Brandfall die Türen schließen.

Weiterhin müssen notwendige Flure frei von Brandlasten sein. Bei offenen Fluren wie Laubengängen müssen alle Wand- und Deckenbekleidungen ebenfalls aus nicht brennbaren Stoffen bestehen.

Notwendige Treppen sind in durchgängigen Treppenräumen anzuordnen. Die Wände von Treppenräumen sind in Bauart von Brandwänden herzustellen. Fluchtwege aus Treppenräumen führen immer unmittelbar ins Freie, wobei Schleusen oder Gänge in der Regel zulässig sind. Der Fluchtweg darf aber nicht durch Aufenthaltsräume oder Bereiche mit Brandlasten führen.

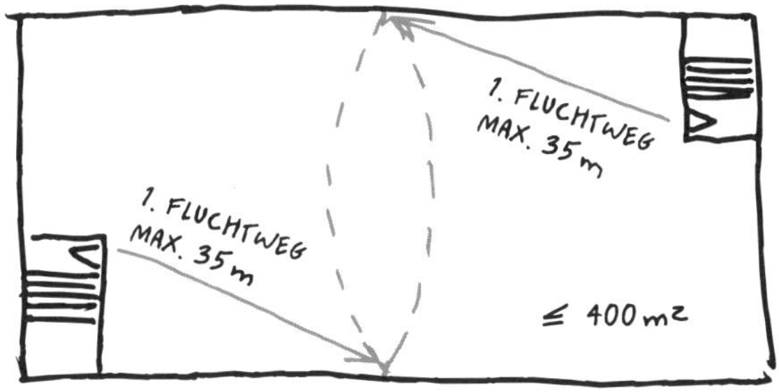
1. FLUCHTWEG
MAX. 35 m
1. FLUCHTWEG
MAX. 35 m
≦ 400 m²

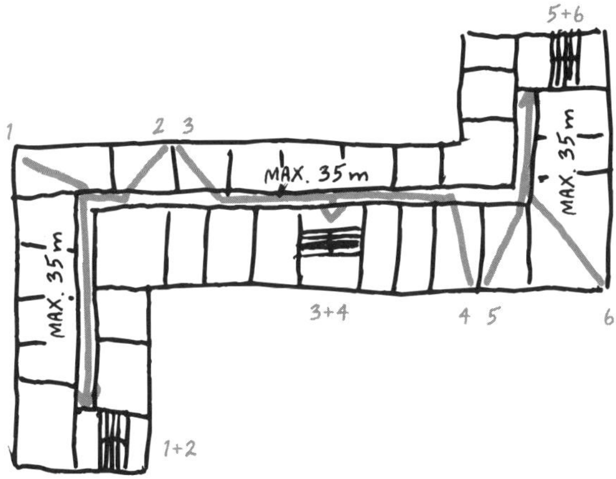
5+6
1
2 3
MAX. 35 m
MAX. 35 m
MAX. 35 m
3+4
4 5
6
1+2

MAX. 15 m
MAX. 15 m

Brandüberschlag

Der Brandüberschlag ist das Übertragen eines Brandes von einem Gebäude auf ein anderes durch Überspringen oder Überschlagen. Sprich, das Feuer überwindet in der Luft eine Distanz bis zum nächsten Gebäude. Dieser Abstand wird in den Bauordnungen in der Regel mit 5 m für sich gegenüberliegende Gebäude angegeben. Daraus folgt die Regel, dass sich in gegenüberliegenden Wänden, Fassaden usw., die weniger als 5 m voneinander entfernt sind, keine Öffnungen befinden dürfen.

Dieselbe Regel, ebenfalls mit einem Abstand von 5 m, gilt für Wände, also Fassaden, die zueinander über Eck liegen. Ist der Winkel zweier Fassaden, in denen sich separate Nutzungseinheiten oder Brand- bzw. Rauchabschnitte befinden, kleiner oder gleich 90 Grad, so dürfen auch in diesen keine Öffnungen angeordnet werden, die einen Abstand von 5 m oder weniger aufweisen. Im Normalfall werden Öffnungen deshalb in nur einer der beiden Wände zugelassen – sofern planerisch sichergestellt werden kann, dass die gegenüberliegende Wand nicht nachträglich Öffnungen erhält, innerhalb desselben Bauprojekts beispielsweise.

In beiden Fällen sind jedoch, wenn es sich nicht um Brandwände handelt, Festverglasungen erlaubt, die mindestens 90 min dem Feuer standhalten (G90) können.

Eine dritte Regel zum Brandüberschlag besagt, dass Öffnungen in Dächern mindestens 1,25 m von einer Brandwand oder einer Grundstücksgrenze entfernt sein müssen. Da Feuer, Hitze und Rauch dazu tendieren, nach oben zu wirken oder sich nach oben zu bewegen, ist hier ein geringerer Abstand zulässig.

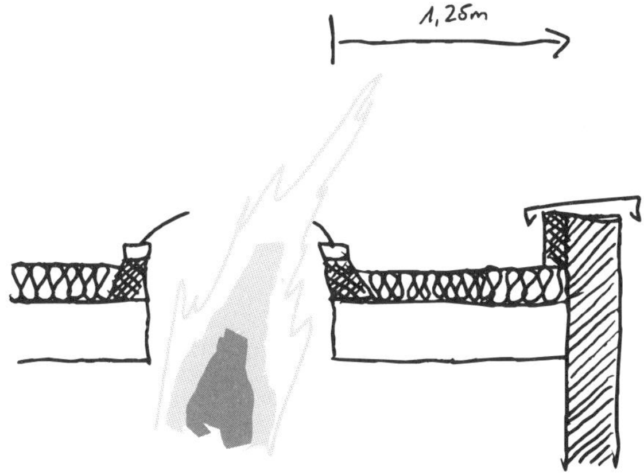
1,25m

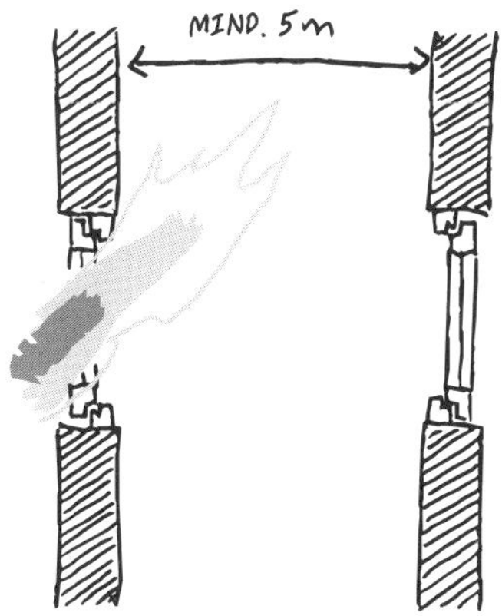
MIND. 5m

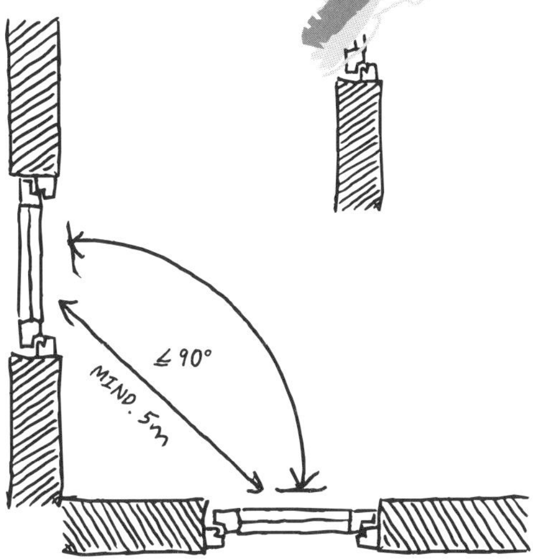
≤ 90°
MIND. 5m

Brandschottung

Wenn es in einem Gebäude brennt, ist das Gefährlichste für den Menschen nicht das Feuer, sondern der Rauch. Daher sollen weder Feuer noch Rauch von einer Etage zur anderen übertragen werden.

Für die Geschossdecken werden je nach Gebäudeklasse entsprechende Feuerwiderstandsklassen gefordert. Es bleibt aber das Problem, dass Decken oder auch Wände mit Anforderungen dennoch häufig mit Leitungen oder anderen Verbindungen durchdrungen werden. Solche Durchdringungen sind gegen die Übertragung von Feuer oder Rauch zu schotten. Bis auf Rauchklappen in großen Kanälen werden in der Regel Einmalschotten verwendet. Wenn es im Gebäude brennt, kommt es nicht mehr darauf an, ob man ein Rohr oder ein Schott am Ende wiederverwenden kann.

Werden Kabel in Bündeln durch Decken oder Wände mit Brandschutzanforderungen geführt, müssen spezielle Beschichtungen auf beiden Seiten des Bauteils aufgetragen werden. Einzelne Elektroleitungen brauchen nicht geschottet zu werden.

Rohrleitungen, in denen sich hauptsächlich Luft befindet, wie Ab- und Zuluftrohre oder Abwasserrohre, werden in der Ebene des Bauteils geschottet. Hierzu werden in der Regel Brandschutzmanschetten oder Brandschutz-Quellbänder verwendet. Diese drücken im Brandfall das Rohr zusammen und verschließen es so.

Lüftungskanäle erhalten in der Regel Brandschutzklappen. Diese sind keine Einwegschotten, sondern können nach Bedarf geöffnet und geschlossen werden.

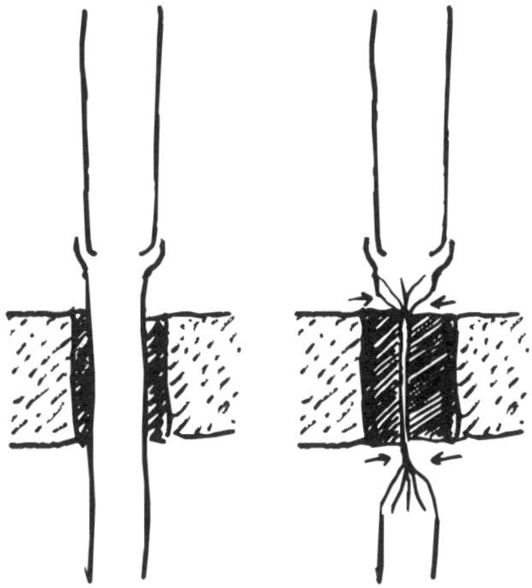

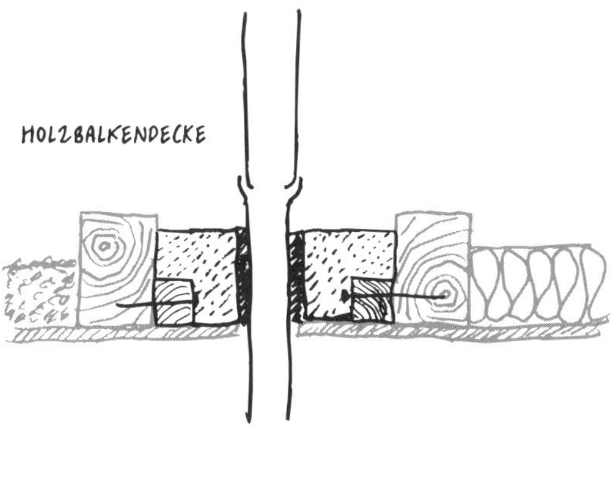
HOLZBALKENDECKE

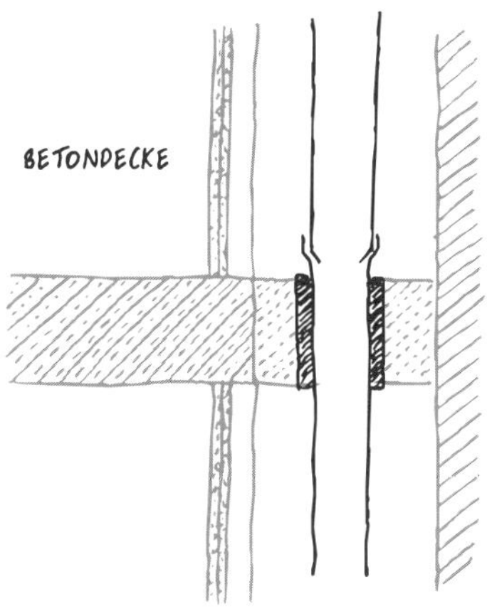
BETONDECKE

Brandverhalten von Massivbau

Mauerwerk und Beton gelten als schwer entflamm- bis nicht brennbare Bauteile. Warum sich also mit diesen Materialien beschäftigen? Weil es eben doch nicht so einfach ist.

Stahlbeton
Da im Stahlbeton der Stahl eine wesentliche tragende Funktion innehat und Stahl sehr empfindlich auf Hitze reagiert, ist nicht jedes Stahlbetonbauteil feuerbeständig. Auf die Betondeckung über dem Stahl kommt es an. Wird der Stahl zu stark erhitzt, versagt er ohne Ankündigung, was extrem gefährlich ist. Der Beton verliert schlagartig seine Zugfestigkeit und versagt. Gerade Gebäude aus den 1950er- bis 70er-Jahren wurden oft mit aus heutiger Sicht unzureichender Betondeckung gebaut. Solche Gebäude genießen zwar Bestandsschutz, doch sobald diese umgenutzt oder umgebaut werden sollen, ist die Qualität der Bauteile zu prüfen und ggf. anzupassen.

Mauerwerk
Wände aus Mauerwerk erreichen in der Regel schon ab 11,5 cm Wandstärke beidseitig verputzt die Feuerwiderstandklasse F90. Da Mauerwerk zumeist nicht bewehrt wird, also keine unterstützenden Stahleinlagen besitzt, ist es nicht anfällig für Hitze. Um als Brandwand eingesetzt zu werden, muss eine Mauerwerkswand lediglich 17,5 cm stark ausgeführt werden, wenn der Stein eine ausreichende Rohdichte ausweist. Werden die Steine leichter, ist die Brandwand stärker auszuführen. Wichtig ist, dass die Wände verputzt sein müssen, um ihre Brandschutzklasse zu erhalten. Der Putz vermeidet, dass die Fugen der Wand vom Feuer zu stark beeinträchtigt werden.

GERINGE BETONDECKUNG
HITZE GELANGT SCHNELL ZUM STAHL
(F30 BIS F60)

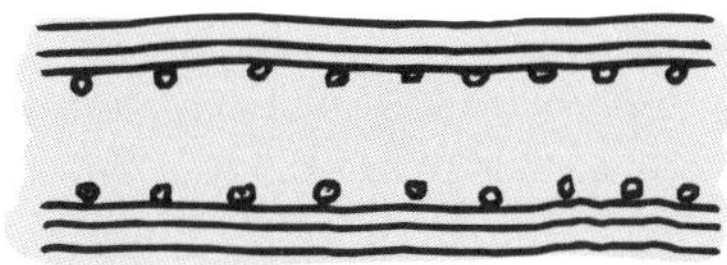

HOHE BETONDECKUNG
HITZE GELANGT LANGSAM ZUM STAHL
(F90)

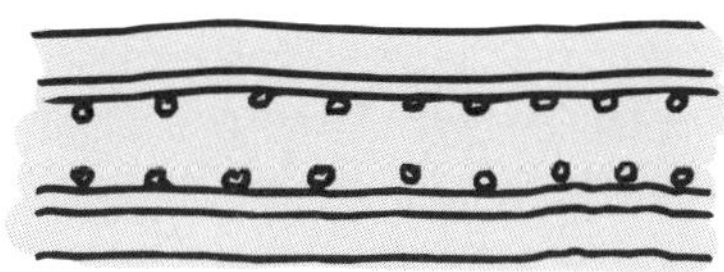

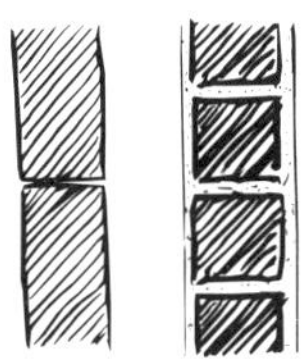

11,5 cm
F90 IM DÜNNBETTMÖRTEL
F90 IM NORMALMÖRTEL BEIDSEITIG VERPUTZT

24 cm
F90

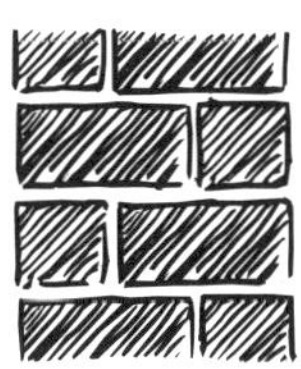

36,5 cm
F90

Brandverhalten von Holz

Das Bauen mit Holz ist örtlich geregelt. Es gibt zwar eine Holzbaurichtlinie, aber dennoch machen die Bundesländer hier gern ihre eigenen Regeln.

Dass Holz brennt, ist hinreichend bekannt. Sein Brandverhalten ist jedoch etwas komplexer. Holz brennt wesentlich schlechter, wenn das Bauteil massiv ausgeführt wird. Daher sind Ständerbauweisen, die mit kleineren Einzelquerschnitten gebaut werden, sehr viel gefährdeter als Massivholzbau.

Wenn Holz einmal brennt, dann versagt es nicht so schnell wie etwa Stahl. Holz hat eine ganz praktische Eigenschaft: Es verkohlt. Bei der Reaktion von Holz mit Feuer entsteht Kohle. Da der Verkohlungsprozess die Substanz kaum abbaut, sondern ersetzt, verbleibt die Kohleschicht am Bauteil. Diese Schicht ist zwar weniger tragfähig, bildet aber einen Schutzmantel um das noch nicht verbrannte Holz. Dies können wir für den Brandschutz nutzen, indem wir tragende Bauteile einfach um die Stärke der Verkohlung vergrößern. Das Bauteil wird dann auf Abbrand überdimensioniert. Sprich, wenn ich ein Bauteil benötige, das 90 min den Flammen standhält, mache ich dies einfach um so viel dicker, dass nach 90 min noch genügend tragendes Holz übrig ist. In Wirklichkeit ist es zwar ein wenig komplizierter, doch im Grunde kann man sich das so herleiten.

Berechnet ein Tragwerksplaner den notwendigen Querschnitt einer Holzstütze mit 40 auf 40 cm und muss dieses Bauteil 90 min den Flammen standhalten, so muss man die Abbrandrate der gewählten Holzart kennen. Für Brettschichtholz liegt diese bei ca. 0,7 mm in der Minute. Dann kann man 90 min mit 0,7 mm/min multiplizieren, was 63 mm ergibt. Damit müsste die Stütze allseitig um 6,3 cm größer ausgeführt werden. Sie ist dann 52,6 auf 52,6 cm groß.

OBERFLÄCHIGE VERKOHLUNG
NACH 150 min BEFLAMMUNG

(TEST DURCH THOMA AN
36,5ER-BRETTSCHICHTHOLZWAND)

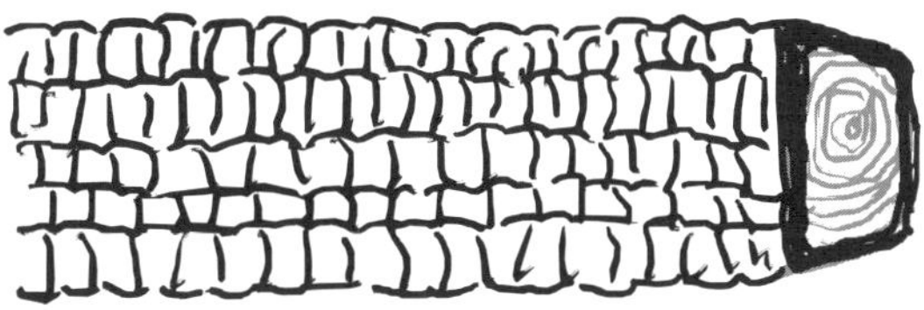

VOLLHOLZBALKEN NACH 90 min BEFLAMMUNG

STÜTZE 50/50

60 min ABBRAND
4,2 cm JE SEITE

STATISCHER
RESTQUERSCHNITT
41,6/41,6

90 min ABBRAND
6,3 cm JE SEITE

STATISCHER
RESTQUERSCHNITT
37,4/37,4

Brandverhalten von Stahl

Stahl brennt nicht. Damit bringt es eine wesentliche Eigenschaft für tragende Bauteile mit. Jedoch ist Stahl unter Hitzeeinwirkung auf andere Weise extrem gefährdet – es schmilzt. Nun schmilzt Stahl nicht bei den üblichen Temperaturen eines Gebäudebrands, sondern erst bei 1425 bis 1540° C. Der Schmelzpunkt ist von der Legierung abhängig. Aber aufgrund der hohen Wärmeleitfähigkeit erwärmt er sich sehr schnell. Noch bevor er anfängt zu schmelzen, verliert er jedoch zunächst seine Festigkeit und Steifigkeit. Das Versagen setzt im Brandfall recht schnell ein. Ohne weitere Maßnahmen halten tragende Stahlbauteile deshalb im Brandfall maximal 30 min.

Aus diesem Grund sind tragende Bauteile vor Brand zu schützen. Hierfür gibt es verschiedene Methoden:

- Man kann die Stahlbauteile mit entsprechender Brandschutzfarbe beschichten. Klingt einfach, ist es aber nicht: Diese Anstriche sind Wartungsanstriche und dürfen nicht beschädigt werden.
- Hohl- oder Walzprofile lassen sich ausbetonieren. Dadurch werden die Bauteile im Brandfall vom Betonkern unterstützt und knicken nicht so schnell aus.
- Stahlbauteile können mit geeigneten Materialien verkleidet werden, die ausreichend lange Feuer und Hitze von ihnen fernhalten.

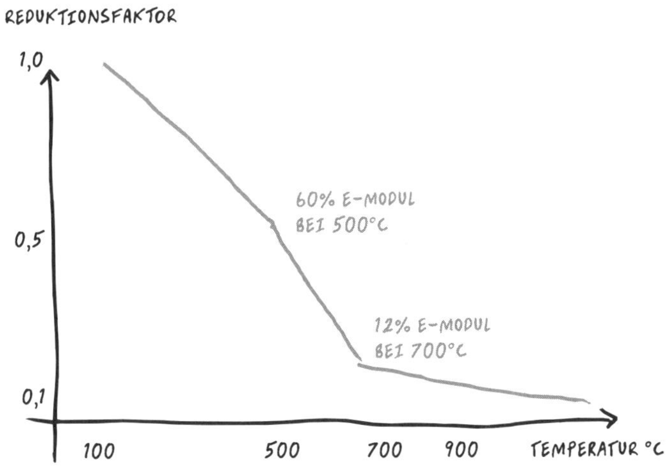
REDUKTIONSFAKTOR
1,0
0,5
0,1
60% E-MODUL
BEI 500°C
12% E-MODUL
BEI 700°C
100
500
700
900
TEMPERATUR °C

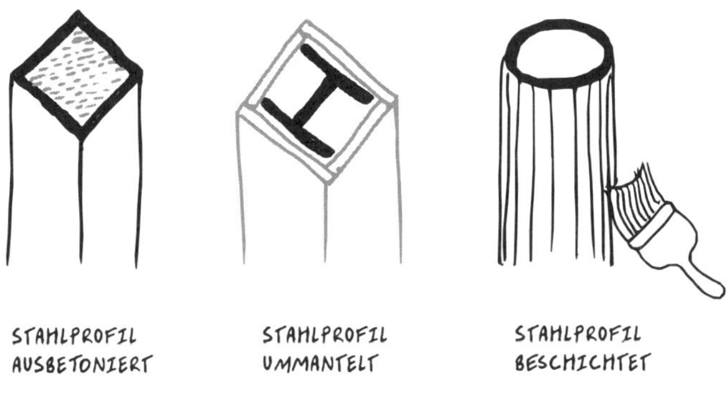
STAHLPROFIL
AUSBETONIERT
STAHLPROFIL
UMMANTELT
STAHLPROFIL
BESCHICHTET

Brandverhalten von Wärmedämmung

Wärmedämmung speziell an Fassaden ist im Brandfall nicht ganz ungefährlich. Insbesondere Wärmedämmungen aus Erdölprodukten wie Polystyrol gelten zwar als schwer entflammbar, aber wenn sie brennen, dann ordentlich. Vor allem jedoch schmelzen diese Dämmungen bei ca. 240° C. Das ist sehr gefährlich, da schmelzende Wärmedämmung aus Kunststoff im Brandfall heiß abtropft. Insbesondere im Bereich von Fenster- und Türstürzen kann man das überhaupt nicht brauchen. Daher ist es ratsam, im Bereich von Stürzen mineralische Wärmedämmung einzubauen. Da Kunststoffdämmung bei ausreichend Temperatur zu brennen beginnt, besteht für Fassaden die Gefahr, dass das Feuer die Fassade hochbrennt. Darum ist es für solche Fassaden verpflichtend, sogenannte Brandriegel aus mineralischer Wärmedämmung einzubauen, die das Hochbrennen verhindern.

Die mineralischen Wärmedämmungen aus Glas- oder Steinwolle schmelzen erst bei über 1 000° C. Solche Temperaturen werden bei einem Hausbrand in der Regel nicht erreicht.

Schwierig wird es beim Einsatz natürlicher Wärmedämmung oder von Wärmedämmung aus nachwachsenden Rohstoffen. Dabei handelt es sich häufig um Produkte aus Zellulose oder Tierhaar. Diese sind leichter entflammbar und daher nicht für alle Gebäudeklassen und Bauteile geeignet. Ab Gebäudeklasse 5 bekommt der Planer beim Einsatz nachwachsender Rohstoffe dahingehend einige Probleme. Aber nichts ist unlösbar.

DÄMMUNGEN
AUS KUNSTSTOFFEN
SCHMELZEN UND
TROPFEN HEISS AB!
STURZAUSFÜHRUNG
IN MINERALWOLLE

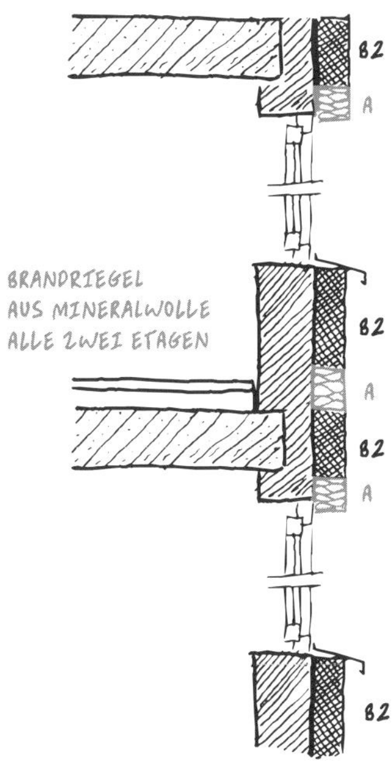
B2
A
BRANDRIEGEL
AUS MINERALWOLLE
ALLE ZWEI ETAGEN
B2
A
B2
A
B2

Anleitern

Grundsätzlich haben Gebäude über mindestens zwei bauliche Rettungswege zu verfügen. Ist dies nicht möglich, kann ein Rettungsweg durch das Anleitern ersetzt werden. Dies wird im Wohnungsbau in der Regel von der Feuerwehr geleistet. Bei öffentlichen Gebäuden, Büro- und Verwaltungsgebäuden lehnt die Feuerwehr das aber aufgrund des hohen Personenaufkommens regelmäßig ab.

Damit die Feuerwehr anleitern kann, sind verschiedene Voraussetzungen zu erfüllen. Zum einen muss die Anleiterstelle erreichbar sein und über eine ausreichend große Öffnung verfügen. Die Mindestgröße einer Anleiteröffnung beträgt 90 cm Breite und 120 cm Höhe. Liegt die Öffnung nicht in der Fassade, sondern zum Beispiel in einer Dachfläche, darf sie maximal 100 cm von der Traufe zurückversetzt sein.

Je nach Gebäudehöhe kann die Feuerwehr mit kleinem oder großem Gerät anleitern. Die Gebäudeklassen orientieren sich nicht zufällig an diesen Höhen.

Die Gebäudeklasse 1 bis 3 mit max. 7 m Höhe des letzten Fußbodens kann mit einer einfachen Handleiter gerettet werden. Hier ist eine entsprechend befestigte Aufstellfläche vorzusehen.

Die Gebäudeklasse 4 bis 5 mit 21 m Höhe muss dann mit dem Leiterwagen gerettet werden. Und hier wird es kompliziert: Es werden große Aufstellflächen für das Feuerwehrfahrzeug benötigt, die es auch tragen können. Die Aufstellflächen müssen sich auf dem eigenen Grundstück oder im öffentlichen Raum befinden. Das Anleitern muss hindernisfrei und senkrecht zur Fassade möglich sein. Und letztlich darf das Feuerwehrfahrzeug nicht rückwärtsfahren müssen. Es sind also Feuerwehrumfahrungen des Gebäudes vorzusehen.

Über 21 m beginnt in Deutschland die Hochhausgrenze. Das ist die Grenze, an der die Möglichkeiten der Feuerwehr enden, ein Gebäude von außen zu evakuieren.

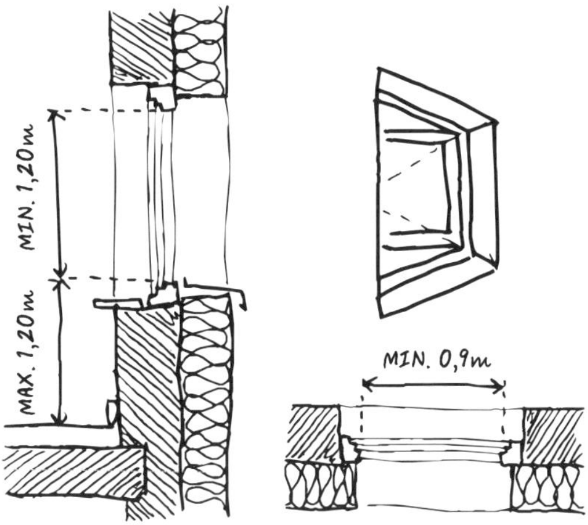

MIN. 1,20m
MAX. 1,20m
MIN. 0,9m

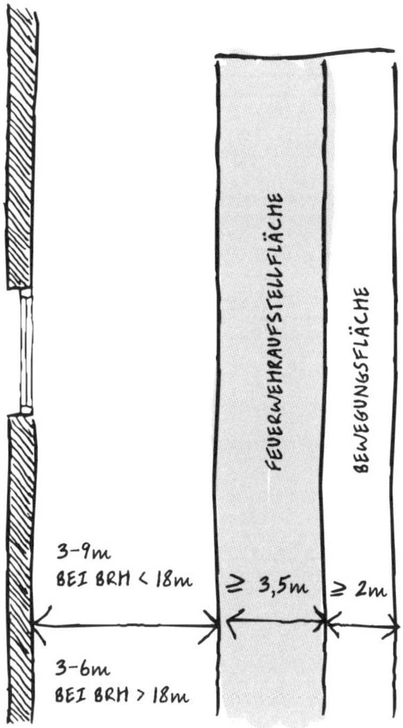

FEUERWEHRAUFSTELLFLÄCHE
BEWEGUNGSFLÄCHE
3–9m
BEI BRH < 18m
3–6m
BEI BRH > 18m
≥ 3,5m
≥ 2m

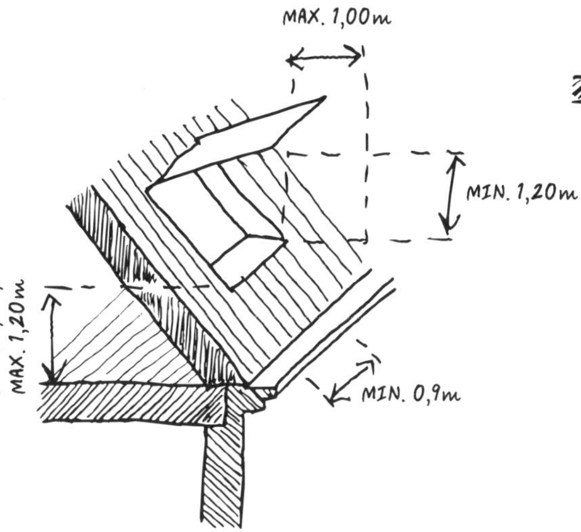

MAX. 1,00m
MIN. 1,20m
MAX. 1,20m
MIN. 0,9m

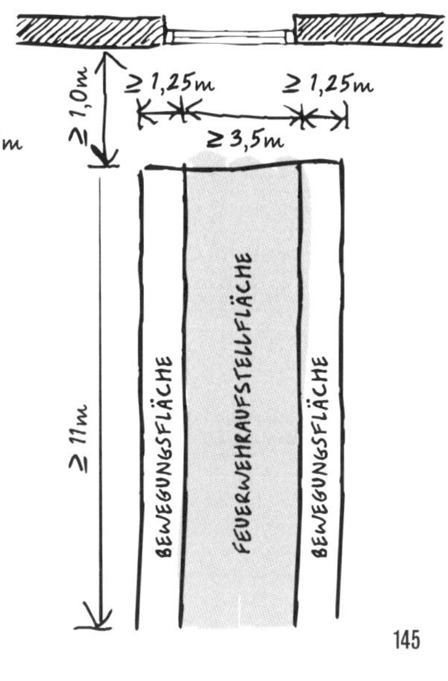

≥ 1,0m
≥ 1,25m
≥ 1,25m
≥ 3,5m
≥ 11m
BEWEGUNGSFLÄCHE
FEUERWEHRAUFSTELLFLÄCHE
BEWEGUNGSFLÄCHE

Sicherheitstreppenhäuser

Eine weitere Möglichkeit, den zweiten baulichen Rettungsweg zu ersetzen, ist die Planung eines Sicherheitstreppenhauses. Es gibt unzählige Varianten von Sicherheitstreppenräumen. Manche Bundesländer haben sogar eigene, auf vorhandene Gebäudetypologien und -probleme zugeschnittene Sicherheitstreppenhäuser entwickelt und zugelassen. Aber im Grunde folgen alle einer Idee: Dieses eine Treppenhaus darf niemals durch Eindringen von Feuer oder Rauch ausfallen.

Außenliegende Sicherheitstreppenräume

Wenn das Treppenhaus auf jeder Etage nur über den Außenraum betreten werden kann, dann ist es außenliegend. Dieses Konzept ist das effizienteste. Zwischen dem Treppenhaus und der Etage liegt eine Art Schleuse, die aber nach außen offen ist. Sehr beliebt ist es, hier einen Fluchtbalkon anzuordnen. Liegen die Türen auf einem dreiseitig offenen Fluchtbalkon, so müssen sie einen Abstand von 1,5 m zueinander haben.

Innenliegendes Sicherheitstreppenhaus

Das innenliegende Sicherheitstreppenhaus ist durch eine geschlossene Schleuse von der Etage getrennt. Der Anschluss an die Schleuse muss über einen notwendigen Flur erfolgen. Die Schleusen dürfen nicht direkt an den Aufzug anschließen, da dieser eine vertikale Verteilung von Rauch im Gebäude begünstigen kann.

Druckbelüftetes Sicherheitstreppenhaus

Diese technische Lösung gibt es in diversen Ausführungen. Im Wesentlichen wird das Treppenaus hier durch eine Druckanlage im Brandfall rauchfrei gehalten. Die Lösungen benötigen entsprechende Haustechnik, Zuluftkanäle, Abluft usw.

Ein selten verwendeter Sonderfall, den man bei Punkthochhäusern hin und wieder findet, ist die Schachteltreppe: zwei Treppen, die so übereinandergesetzt werden, dass sie zwei voneinander getrennte Treppenhäuser ausbilden. Dabei muss jede der Treppen mit geraden Läufen ausgebildet werden. Die Eingänge springen dann zwischen den Etagen hin und her.

AUSSENLIEGENDER SICHERHEITSTREPPENRAUM

INNENLIEGENDER SICHERHEITSTREPPENRAUM

SCHACHTELTREPPE 2 BAULICHE RETTUNGSWEGE

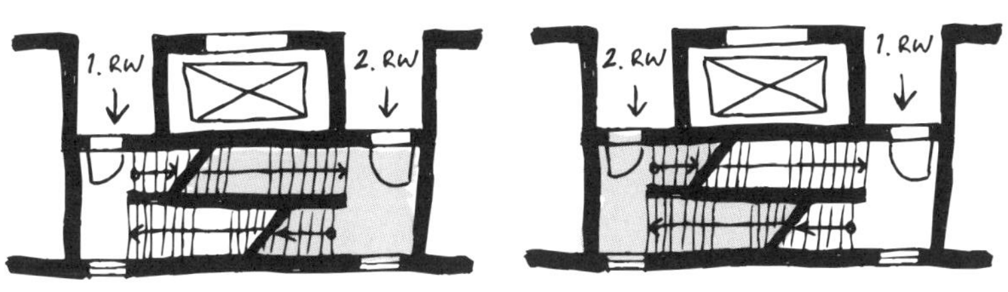

GERADE STOCKWERKE

UNGERADE STOCKWERKE

Entrauchung

Grundsätzlich ist für jedes Gebäude im Brandfall eine Entrauchung sicherzustellen. Übliche Wohn- und Bürogebäude mit Gebäudetiefen von 10 bis 15 m sind überhaupt kein Problem. Hier genügt es im Brandfall, die Fenster zu öffnen. Kompliziert wird es dagegen bei großen Hallen, Parkhäusern oder anderen sehr tiefen Gebäuden mit großen zusammenhängenden Flächen. Hier sind Entrauchungskonzepte aufzustellen.

Kellerräume
Keller- ohne Aufenthaltsräume benötigen gemäß Musterbauordnung lediglich eine Öffnung ins Freie. Der gesamte Keller kommt somit mit nur einer Öffnung aus, wenn alle Räume im Keller über Öffnungen verbunden sind.

Aufzugschächte
Alle Aufzugschächte benötigen eine Entrauchungsöffnung von 2,5 % ihrer Grundfläche ins Freie. Ausnahmen bilden Aufzüge ohne Schächte.

Treppenräume
Treppenräume müssen immer entraucht werden. Gemäß Musterbauordnung müssen Treppenräume an der höchsten Stelle bzw. über dem letzten Türsturz eine Entrauchungsöffnung mit einem dynamischen Querschnitt von mindestens 1 m^2 haben.

Sonderbauten
Mittel- und Großgaragen sowie Sonderbauten unterliegen gesonderten Richtlinien. Hier werden gesonderte Anforderungen an die Rauchfreihaltung von Flucht- und Rettungswegen gestellt. Sie müssen in den jeweiligen Richtlinien nachgeschlagen werden.

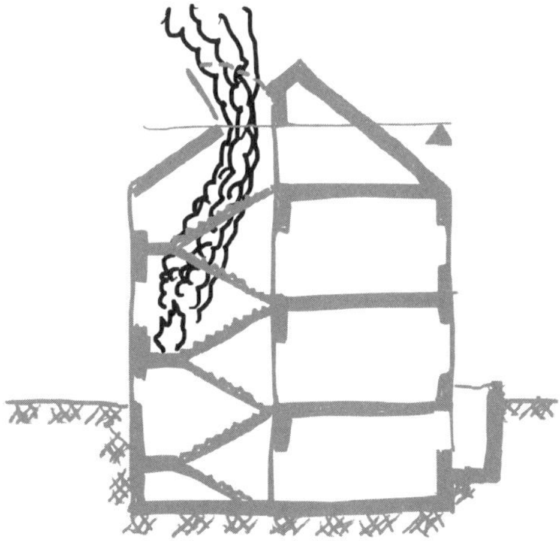

Brandschutzkonzept

Das Brandschutzkonzept stellt der Planer eines Gebäudes auf. Es hat sich eingebürgert, dass viele Architekten dies nicht mehr selbst übernehmen, sondern sich für diese Leistung einen „Fachplaner" vom Bauherrn beauftragen lassen. Dieses Vorgehen ist seitens des Architekten jedoch nicht ganz richtig:

Das BGH hat bereits mit Urteil vom 26.01.2021 VII ZR 128/11 klargestellt, dass der Brandschutz, außer für den Sonderbau, eine Grundleistung des Architekten und in den HAOI Grundleistungen der LPH 3–4 enthalten ist.

Ein Brandschutzkonzept ist im Grunde keine schwierige Sache. Man muss nur die Planung auf ihre Zulässigkeit gemäß der Landesbauordnung überprüfen und ein paar Eigenschaften des Gebäudes festlegen. Hier wird oft übersehen, dass der Brandschutzplaner die Anforderungen des Gebäudes festlegt. Ein guter Planer wird also die Bauordnung so sparsam wie möglich auslegen, um keine Forderungen aufzustellen, die unnötig viel Material oder Geld kosten.

Was legen wir fest:

- Wir stufen die Bauteile danach ein, ob sie tragend oder notwendig sind, und ordnen ihnen dann gemäß der Bauordnung Brandschutzqualitäten zu.
- Wir planen die Fluchtwege und stellen sie dar.
- Wir definieren Anleiterorte und Aufstellflächen für die Feuerwehr.

Interessant wird es, wenn ein Gebäude eine Anforderung der Bauordnung oder einer Richtlinie nicht erfüllen kann. Dann ist es die Aufgabe des Aufstellers eines Brandschutzkonzepts, eine Alternative oder Kompensation zu finden, um das Gebäude dennoch möglich zu machen.

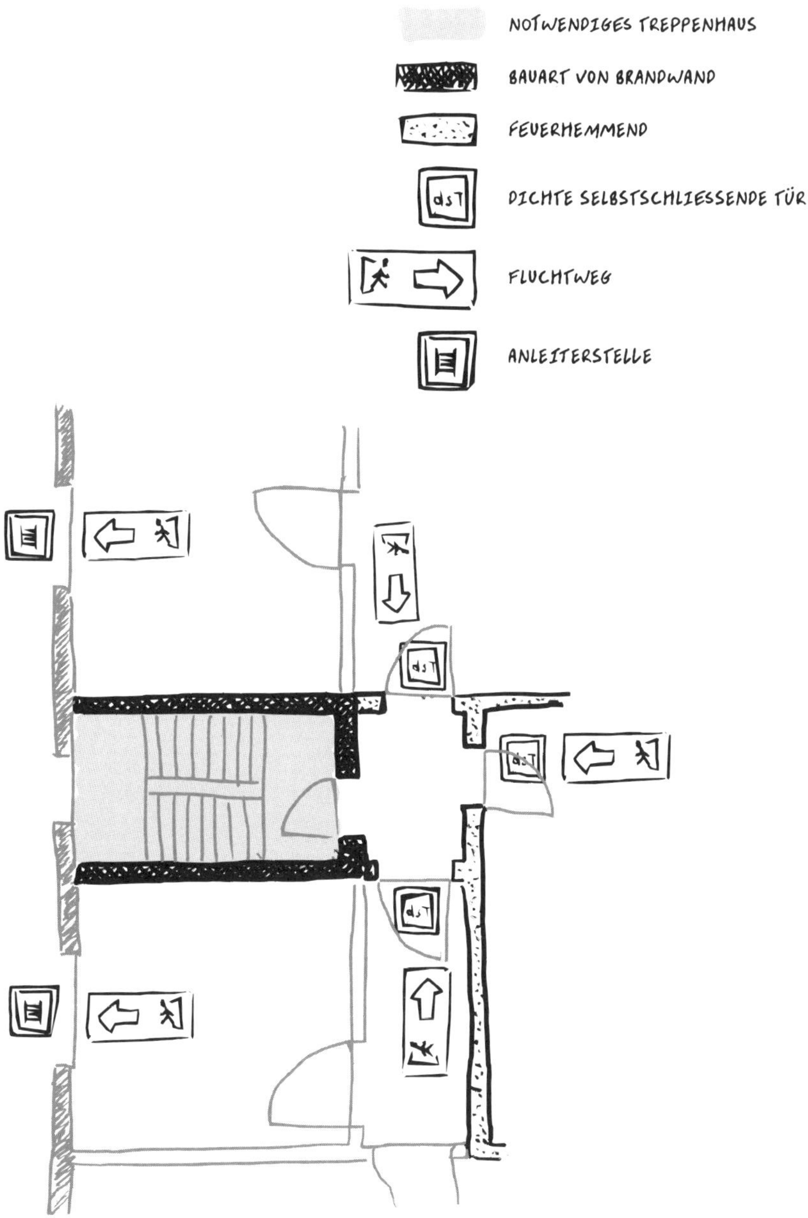
NOTWENDIGES TREPPENHAUS
BAUART VON BRANDWAND
FEUERHEMMEND
dsT
DICHTE SELBSTSCHLIESSENDE TÜR
FLUCHTWEG
ANLEITERSTELLE
dsT
dsT
dsT

Fluchtwegeplan

Der Fluchtwegeplan unterscheidet sich in seinen Angaben und seinem Zweck leicht vom Brandschutzkonzept. Im Fluchtwegeplan interessiert sich der Betrachter nicht für Bauteilqualitäten. Er möchte nur wissen, wie er am schnellsten das Gebäude verlassen kann und wo sich eventuell Rettungseinrichtungen des Gebäues befinden.

Daher stellen wir in einem Fluchtwegeplan folgende Dinge dar:

- den Standort, an dem sich der Plan und damit die Person befinden
- den kürzesten Fluchtweg vom jeweiligen Ort, wo der Plan angebracht ist
- die Position von Feuerlöschern
- die Positionen von Rettungssystemen
- die Positionen von Erste-Hilfe-Einrichtungen
- den Sammelpunkt

Da für jeden Ort, wo ein Fluchtwegeplan angebracht wird, der beste und kürzeste Fluchtweg ein anderer ist, wird jeder Fluchtwegeplan individuell für den Ort gefertigt, an dem er sich befinden soll.

Sammelpunkte im Freien werden nur festgelegt, wenn der Bedarf eines Vorgesetzten oder einer verantwortlichen Person besteht, an einem Ort die Anwesenheit aller zu prüfen oder wenn das Gebäude eine gewisse Größe erreicht, die so viele Menschen erwarten lässt, dass ein geordnetes Sammeln angezeigt ist.

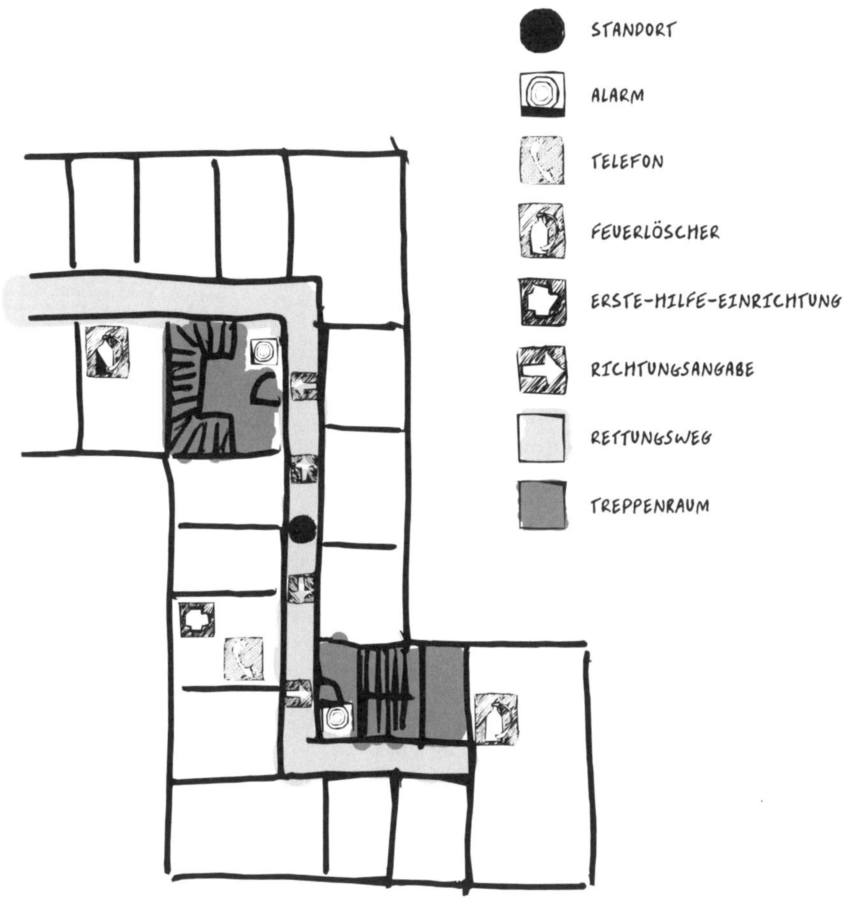
STANDORT
ALARM
TELEFON
FEUERLÖSCHER
ERSTE-HILFE-EINRICHTUNG
RICHTUNGSANGABE
RETTUNGSWEG
TREPPENRAUM

07

Anhang

Abkürzungen im Brandschutz

nb nichtbrennbar

wnb in den wesentlichen Teilen nichtbrennbar

bwB brandschutztechnisch wirksame Bekleidung

bnb Bekleidung nichtbrennbar

M unter zusätzlicher mechanischer Belastung

fb feuerbeständig

hf hochfeuerhemmend

fh feuerhemmend

se schwerentflammbar

ne normalentflammbar

-A und aus nichtbrennbaren Baustoffen

-AB und in den wesentlichen Teilen aus nichtbrennbaren Baustoffen

-B und aus brennbaren Baustoffen

T 30-D
feuerhemmend, dicht- und selbstschließend

T 30-RS
feuerhemmend, rauchdicht u. selbstschließend

T 60-D
hochfeuerhemmend, dicht- u. selbstschließend

T 60-RS
hochfeuerhemmend, rauchdicht und selbstschließend

90-D feuerbeständig, dicht- und selbstschließend

T 90-RS
feuerbeständig, rauchdicht und selbstschließend

RS rauchdicht und selbstschließend

dsT dicht- und selbstschließend

dT dichtschließend

A1, A2, B1, B2, B3
Baustoffklassen

F 30, F 60, F 90
Feuerwiderstandsklassen

W 90, T 90, L 90, K 90,
I 90, R 90, G 90, E 90
Feuerwiderstandsklassen von Sonderbauteilen

HolzR/4
umfangreiche zusätzliche Anforderungen nach MHolzBauRL Abschnitt 4

HolzR/5
umfangreiche zusätzliche Anforderungen nach MHolzBauRL Abschnitt 5

BW Brandwand

BA Brandabschnitt

GA Gebäudeabschlusswand

BBW Bauart einer Brandwand

WaBW Wand anstelle einer Brandwand

RW Rettungsweg

GK Gebäudeklasse

NE Nutzungseinheit

AR Aufenthaltsraum

Whg. Wohnung

NT Notwendige Treppe

NTR Notwendiger Treppenraum

ABP Allgemeines bauaufsichtliches Prüfzeugnis einer anerkannten Materialprüfanstalt

ABZ Allgemeine bauaufsichtliche Zulassung des DIBt

ABG Allgemeine Bauartgenehmigung des DIBt

ZiE Zustimmung im Einzelfall von der Obersten Baubehörde

ÜH Übereinstimmungserklärung des Herstellers

ÜHP Übereinstimmungserklärung des Herstellers nach vorheriger Prüfung des Bauprodukts durch eine anerkannte Prüfstelle

ÜA Übereinstimmungserklärung des Anwenders

ÜZ Übereinstimmungszertifikat durch eine anerkannte Zertifizierungsstelle

---

BRL Bauregelliste

MVV TB
Muster-Verwaltungsvorschrift Technische Baubestimmungen (hg. vom DIBt)

MHolzBauRL
Muster-Richtlinie über brandschutztechnische Anforderungen an Bauteile und Außenwandbekleidungen in Holzbauweise

Normen

DIN 4108-2
Wärmeschutz und Energie-Einsparung in Gebäuden
Teil 2: Mindestanforderungen an den Wärmeschutz
Februar 2013

DIN 18041
Hörsamkeit in Räumen – Anforderungen, Empfehlungen und Hinweise für die Planung
März 2016

Brandschutz

DIN 4102-2
Brandverhalten von Baustoffen und Bauteilen; Bauteile, Begriffe, Anforderungen und Prüfungen
September 1977

DIN 18095-1
Türen; Rauchschutztüren; Begriffe und Anforderungen
Oktober 1988

DIN EN 13501-1:2019-05
Klassifizierung von Bauprodukten und Bauarten zu ihrem Brandverhalten – Teil 1: Klassifizierung mit den Ergebnissen aus den Prüfungen zum Brandverhalten von Bauprodukten
Mai 2019

Musterbauordnung (MBO)
Fassung vom November 2002
Zuletzt geändert Februar 2019

Bauordnungen der Länder

Muster-Richtlinie über den Bau und Betrieb von Hochhäusern
(Muster-Hochhaus-Richtlinie – MHHR)
April 2008

Muster-Garagenverordnung (M-GarVO)
Mai 2008

Verordnung über Arbeitsstätten (Arbeitsstättenverordnung – ArbStättV)
August 2004

Musterverordnung über den Bau und Betrieb von Versammlungsstätten
(Muster-Versammlungsstättenverordnung – MVStättVO)
Juni 2005

Muster-Richtlinien über Flächen für die Feuerwehr
Februar 2007

Merkblatt zur Prüfung des Brandschutznachweises
Juni 2009

Merkblatt
Innenliegender Sicherheitstreppenraum in Gebäuden unterhalb der Hochhausgrenze der Berliner Feuerwehr

AV SiTrR Bln
Ausführungsvorschriften über den Bau von Sicherheitstreppenräumen Berlin

Index

Dirk Krutke ist bauender und lehrender Architekt, Sachverständiger und DGNB Consultant. Er hat an verschiedenen Hochschulen und Universitäten gelehrt und vertritt derzeit die Professur „Gebäudetechnik" an der HafenCity Universität Hamburg. Seine Arbeit im eigenen Architekturbüro und seine Erfahrungen aus über fünf Jahren Lehre mit Studierenden der Architektur, des Bauingenieurwesens und der Stadtplanung haben ihn davon überzeugt, dass eine nachhaltige Wende im Bauwesen nur mit integrativeren Entwurfsprozessen erreicht werden kann.

Impressum

Autor: Dirk Krutke
Lektorat/Korrektorat: Mario Ableitner
Layout: Martina Römer, Berlin
Papier: 140 Gr Tauro Offset, FSC
Druck: GPS

Verlag und Vertrieb:

av edition GmbH
Senefelderstraße 109
70176 Stuttgart
www.avedition.de

ISBN 978-3-89986-414-4

Bibliografische Informationen der Deutschen Nationalbibliothek

Die Deutsche Nationalbibliothek verzeichnet diese Publikation in der Deutschen Nationalbibliografie; detaillierte bibliografische Daten sind im Internet über http://dnb.de abrufbar.

In dieser Reihe bereits erschienen:

ISBN: 978-3-89986-383-3
Deutsch
2022
160 Seiten, broschiert
70 Skizzen
14,8 × 21 cm

ISBN: 978-3-89986-401-4
Deutsch
2023
160 Seiten, broschiert
70 Skizzen
14,8 × 21 cm

Architekt:innen sind bis heute das Bindeglied aller Planenden und diejenigen, die am besten Planungsprozesse moderieren und integrieren können. Da Nachhaltigkeit und Klimawandel immer mehr an Bedeutung gewinnen, verändern sich auch die Rahmenbedingungen von Architektur und Bauwesen zunehmend. Um all diesen Veränderungen gerecht werden zu können, benötigen Architekt:innen ein Grundverständnis von allen Disziplinen der Planung.

Diese Buchreihe will genau diese Grundlagen einfach erklären und den Entwerfenden die Hilfsmittel an die Hand geben, die sie benötigen, um die Komplexität heutiger Planungsprozesse und -entscheidungen frühzeitig zu erfassen und lösen zu können. Technik, Normen und Regelsysteme werden in ihr klar fokussiert und anwendungsfreundlich vermittelt, um besonders Studierenden leichte Zugänge zu den sehr komplexen energetischen Aspekten des Bauens zu eröffnen.